A CONSTRUÇÃO HISTÓRICA DO CONCEITO DE METABOLISMO E A AGROECOLOGIA

ROSELI SALETE CALDART

A CONSTRUÇÃO HISTÓRICA DO CONCEITO DE METABOLISMO E A AGROECOLOGIA

1ª edição
EXPRESSÃO POPULAR
São Paulo • 2024

Copyright © 2024, by Editora Expressão Popular Ltda.

Produção editorial e preparação de texto: Lia Urbini
Revisão: Miguel Yoshida
Projeto gráfico, diagramação e capa: ZapDesign
Impressão e acabamento: Paym

Dados Internacionais de Catalogação na Publicação (CIP)

C145c   Caldart, Roseli Salete

A construção histórica do conceito de metabolismo e a
agroecologia / Roseli Salete Caldart. – São Paulo : Expressão
Popular, 2024.
95 p. : il.

ISBN: 978-65-5891-151-7

1. Agroecologia – metabolismo. I. Título.

CDD: 577.55
CDU: 574

André Felipe de Moraes Queiroz – Bibliotecário – CRB-4/2242

Todos os direitos reservados.
Nenhuma parte deste livro pode ser utilizada
ou reproduzida sem a autorização da editora.

1ª edição: setembro de 2024

EDITORA EXPRESSÃO POPULAR
Alameda Nothmann, 806, Campos Elíseos
CEP 01216-001 – São Paulo – SP
atendimento@expressaopopular.com.br
www.expressaopopular.com.br
🛇 ed.expressaopopular
🛇 editoraexpressaopopular

SUMÁRIO

APRESENTAÇÃO 9

INTRODUÇÃO 13

CONSTRUÇÃO HISTÓRICA DO CONCEITO
DE METABOLISMO 17
Origem e construção do conceito de
metabolismo nas Ciências Naturais 17
O conceito de metabolismo na Crítica da
Economia Política burguesa de Marx 29
Atualidade do conceito de metabolismo nas
Ciências Naturais e Sociais 41

ESTUDO DA AGROECOLOGIA PELA LENTE CONCEITUAL
DO METABOLISMO 59
Caminho de estudo 59
Síntese de compreensão da práxis agroecológica
em seus fundamentos 67

REFERÊNCIAS 89

SOBRE A AUTORA 95

Pela primeira vez na história humana, nossa espécie enfrenta uma alarmante escolha existencial. Podemos continuar no caminho usual dos negócios e arriscar uma catastrófica mudança do sistema-Terra [...], ou podemos trilhar o caminho transformador do sistema social que vise o desenvolvimento humano igualitário em coevolução com os parâmetros vitais do planeta...

John Bellamy Foster, 2015.

As coisas estão mais ricamente conectadas do que o óbvio.

Richard Levins, 2006.

APRESENTAÇÃO

Este livro trata da construção histórica do conceito de metabolismo, na interligação entre as ciências naturais e sociais, e de como essa construção constitui uma lente conceitual multifocal necessária para a compreensão da agroecologia em seus fundamentos. Na forma de ensaio teórico, buscamos sistematizar leituras e debates de que temos participado no âmbito do Movimento dos Trabalhadores Rurais Sem Terra (MST) e suas parcerias nos estudos da questão agrária, ambiental e educacional na atualidade.

Participamos de um trabalho coletivo que envolve diferentes tipos de atividades e grupos, com o objetivo de produzir um *guia de estudos da agroecologia*, em sua práxis, fundamentos e relações. Essa produção, que continua em curso, se destina especialmente à formação de educadores visando ajudar na condução político-pedagógica da inserção orgânica das escolas de Educação Básica e dos cursos de Educação Profissional, de nível Médio e Superior, na construção da práxis agroecológica como uma alternativa abrangente.

Em um dos nossos grupos de trabalho, formado em 2017, o conceito de metabolismo foi sendo entendido como ferramenta teórica potente para a apropriação do *núcleo essencial dinâmico* da agroecologia, que permite compreendê-la como uma determinada *matriz de produção da vida*. Além disso, passamos a compreender a apropriação da construção histórica do conceito de metabolismo como um instrumento de crítica prática à cisão entre os conteúdos das Ciências Naturais e Sociais, ainda predominante nos currículos escolares e em muitas instituições científicas. Essa cisão, também historicamente produzida, é um obstáculo ao efetivo conhecimento da realidade viva, tarefa principal da produção da ciência e uma das finalidades centrais do trabalho educativo da escola.

Um início de sistematização desse estudo circulou eletronicamente no final de 2020.[1] Fazem parte do mesmo círculo de estudos e discussões, que reuniu educadoras e educadores de diferentes áreas do conhecimento e de atuação no MST, os livros *Modos de produção da vida*, escrito por Márcio Rolo (Rolo, 2022) e *O desenvolvimento do capitalismo na agricultura e a exploração do trabalho camponês*, escrito por Adalberto Floriano Greco Martins (Martins, 2024).

O presente texto continua esse movimento propondo um caminho de estudo do conceito de metabolismo, em suas relações com o mundo natural e social, e ensaia uma síntese de compreensão da agroecologia com base nessa chave conceitual. Nossa perspectiva é de tomar parte em um esforço coordenado mais amplo de estudo científico e ação massiva sobre o motor gerador da crise social e ambiental que atravessamos. Esforço que é necessidade imperativa de nossa época.

A síntese apresentada põe em diálogo a recente produção coletiva do *Dicionário de Agroecologia e Educação* (Dias *et al.*, 2021) com obras pioneiras na reconstrução histórica da abordagem materialista e dialética da relação ser humano e natureza, tais como *Para além do capital*

---

[1] Na composição do nosso grupo de estudo inicial estiveram: Adalberto Martins, Dominique Guhur, José Maria Tardin, Márcio Rolo e Roseli Salete Caldart. Nas discussões, contamos com contribuições de Adriano Lima dos Santos, Diana Daros, Juliana Adriano, Edgar Jorge Kolling e Valter Leite.

(Mészáros, 2002), *A ecologia de Marx* (Foster, 2023), *O ecossocialismo de Karl Marx* (Saito, 2021) e *Dialética da Biologia* (Lewontin e Levins, 2022). Em comum há a referência aos estudos profícuos de Marx e Engels, que em seus trabalhos sociais de vida inteira buscaram desvelar a lógica essencial do sistema capitalista de produção, visando construir um arsenal teórico e político para que as lutas da classe trabalhadora mundial sejam as condutoras de sua superação histórica.

Tomamos já como pressuposto a concepção de agroecologia que vem sendo firmada pelas organizações camponesas, que a compreendem como *práxis social* e não apenas no sentido estrito do termo, como *logos*, estudo, ciência. Práxis que se constitui pela interligação orgânica de *práticas produtivas e formativas, produção de ciência* e *lutas sociais,* e se realiza no protagonismo conjugado de diferentes sujeitos coletivos (cf. Guhur; Silva, 2021).

Esse pressuposto inclui pensar a materialidade do trabalho humano em diferentes formas históricas de agricultura, como chave de compreensão do que a práxis agroecológica essencialmente é e pode ser. É essa visão de totalidade, histórica, que nos permite entender por que uma forma determinada de produzir alimentos saudáveis pode ser vista hoje como parte da construção de alternativas reais para a superação da ruptura do metabolismo entre o ser humano e o todo da natureza provocada pela lógica da produção capitalista. E para a recriação do todo da vida social em outras bases.

Agradecemos a leitura e as contribuições recebidas especialmente de Adalberto Martins, Márcio Rolo, Gaudêncio Frigotto, Ana Paula Diorio, Graziela Del Monaco, Bárbara Loureiro, Dominique Guhur e José Maria Tardin. Este ensaio segue aberto a ajustes, complementos e comentários críticos, bem como a questões postas pela continuidade de nossos estudos e pela dinâmica da realidade que é seu objeto.

Vale registrar que concluímos a revisão final deste livro no ambiente de uma tragédia climática sem precedentes ocorrida no estado do Rio Grande do Sul. O que se fez contra ou não se fez a favor da sustentabilidade do sistema Terra se põe diante de nós com dolorosa eloquência. Afeta a todos, mas as dores das perdas não são sofridas de forma igual por quem personifica o sistema social motriz de tragédias como essa. Trata-se de um sistema sustentado pela depredação da natureza e pela degeneração das relações entre os seres humanos, e que a perversa gestão privatista dos bens públicos exacerba dia a dia. Um sistema cuja lógica opera, cinicamente, para fazer de cada tragédia que provoca uma nova oportunidade de negócios para a sua reprodução. É como naquela fábula em que o escorpião pica o sapo que o carrega nas costas até a margem do rio, mesmo morrendo afogado com ele.

Felizmente, a lógica do negócio não é a única que move a vida das pessoas, mesmo nas sociedades em que o sistema capitalista é dominante. Se assim fosse, estaríamos todos mortos. Há vivências de construção de outra lógica de vida social, mais visíveis em momentos trágicos como esse e que demarcam materialmente um confronto entre modos antagônicos de produção da vida. Por isso, a humanidade ainda tem a possibilidade de tornar hegemônicas e abrangentes escolhas históricas que não sejam sua própria destruição. Trabalhamos hoje sobre contradições fortes, que nos desequilibram porque nos mostram, ao mesmo tempo, o perigo que corremos e as possibilidades de mudanças radicais. E é nesse trabalho, tão grandioso como necessário, de superar esse tempo de flagelos, que buscamos inserir estudos e escritos como este que segue.

Porto Alegre, maio de 2024.

INTRODUÇÃO

O termo "metabolismo" é mais conhecido no âmbito da biologia humana e, em seu uso comum, costuma se referir aos processos de transformação dos alimentos que ingerimos para convertê-los nos nutrientes e na energia necessária para manter nosso corpo físico em funcionamento. Mas conforme algumas teorias no âmbito das Ciências Naturais e Sociais foram tomando o conceito de metabolismo como suporte, seu uso se expandiu, alargando a abrangência de seu conteúdo.

O conceito de metabolismo é usado nas Ciências Naturais para explicar o complexo e constante processo de trocas e transformações materiais físico-químicas por meio das quais os seres vivos se servem de nutrientes e energia de seu ambiente para sintetizá-los em biomoléculas necessárias ao seu processo de crescimento ou regeneração, além de converter a matéria captada do ambiente em unidades (moléculas) energéticas para o trabalho das células de seu organismo, necessário para desenvolver e manter seus sistemas internos. É esse processo que garante o funcionamento ao mesmo tempo estável e dinâmico do organismo de cada ser vivo na relação com outros seres da natureza. O conceito também identifica os processos específicos de regulação que governam o intercâmbio entre os organismos e seu ambiente, por exemplo, a respiração.

Nas formulações da Ciência Ecológica atual, o conceito de metabolismo se refere a todos os níveis biológicos, da célula ao ecossistema (Foster, 2023) e dos ecossistemas à biosfera.

O estudo do metabolismo celular de diferentes seres vivos, das algas unicelulares aos grandes mamíferos, assim como o metabolismo de uma população ou comunidade de plantas, o metabolismo do solo, da produção de alimentos e seu processamento nos organismos animais e especificamente no corpo humano, já é algo consolidado no âmbito da ciência. Menos usual, mas em pleno curso, está o estudo do metabolismo dos seres vivos como parte de sistemas ecológicos ou ecossistemas, naturais e humanamente produzidos, como os agroecossistemas, e que hoje inclui o metabolismo de processos industriais diversos e sua incidência no sistema terrestre. Desse mesmo modo, vai se consolidando, na interligação entre Ciências Naturais e Sociais, o estudo do chamado metabolismo socioecológico e do "sociometabolismo" sistêmico do capital.

No seu entrelaçamento de sentidos, o conceito de metabolismo ou de relações metabólicas nos ajuda a reparar e compreender como, na base da produção da vida, sempre estão trocas materiais, interações, oposições e transformações de tipos diversos. Nenhum ser sobrevive isoladamente e *tudo se movimenta* o tempo todo entre permanências e mudanças, processos de estabilização e desestabilização, sempre a partir de uma base material e a determinação mútua entre as ações de organismos diversos.

Essa complexa teia que sustenta a vida existe na natureza com agentes e processos próprios que, quando incluem a relação com os seres humanos, sofrem alterações fundamentalmente provocadas pelas formas históricas de trabalho social. A depender de como são essas alterações e em que grau elas se realizam, podem provocar *rupturas metabólicas* que levam, no longo prazo, a transformações irreversíveis na natureza, capazes de deixar em risco a sobrevivência da humanidade. É o que presenciamos hoje em relação às mudanças climáticas e à redução da biodiversidade, por exemplo.

A complexificação progressiva do conceito de metabolismo no âmbito das Ciências Naturais consolidou a compreensão de que a capacidade de realizar processos metabólicos é o distintivo fundamental dos seres vivos. No seu entrelaçamento com as Ciências Sociais, esse conceito se tornou essencial para a compreensão do trabalho como relação ser humano e natureza e uma ferramenta teórica para entender a natureza sistêmica do capital como forma histórica de relações sociais de produção. Trata-se, portanto, de uma apropriação conceitual necessária no estudo científico de diferentes *processos de trabalho vivo*.

Analisar a construção histórica do conceito de metabolismo, que foi entrelaçando conhecimentos diversos para seus diferentes usos, emerge hoje, portanto, como tarefa central para os estudos que visem compreender as relações fundamentais envolvidas nas crises ambientais e sociais próprias da etapa descendente do sistema capitalista. E para que se possa apreender a essencialidade histórica da *agroecologia* como *práxis social* dinâmica que se movimenta sobre as contradições da vida social de nossa época.

A práxis agroecológica se refere a uma forma de agricultura constituída nas práticas camponesas diversas, disputada em lutas sociais de classe e sistematizada como características e princípios gerais de um sistema de produção que envolve múltiplas dimensões da relação metabólica ser humano e natureza. E se realiza na direção de superar rupturas metabólicas que estão pondo em risco, e de forma cada vez mais acelerada, diferentes formas de vida.

Compreender o "metabolismo universal da natureza", em suas conexões com o metabolismo social humano em modos de produção diversos, é necessário para entender por que a forma capitalista de agricultura precisa ser superada para garantir o futuro da humanidade. E entender, por analogia, o "metabolismo" social do capital – isto é, conhecer mais profundamente a lógica que o capital, para se reproduzir, impõe ao metabolismo humano e às relações entre o ser humano e o todo da natureza – permite compreender a razão pela qual as relações sociais de produção capitalistas são estruturalmente incapazes de promover a reconstrução ecológica e social da agricultura como alternativa abrangente.

Neste livro, não pretendemos fazer uma análise detalhada dos fenômenos aos quais a noção de metabolismo se refere. Nosso objetivo principal é chamar a atenção para *a potência explicativa dessa lente conceitual na compreensão dos fundamentos da agroecologia*, ensaiando uma abordagem da práxis agroecológica como totalidade sistêmica e dinâmica, constituída no contexto social histórico em que se realiza e cuja base material é uma forma determinada de trabalho humano social na agricultura.

As notas incluídas ao longo do texto, além de explicitar o conjunto de referências com as quais nossa elaboração vem dialogando, visam organizar indicações de leitura para quem pretenda continuar esse caminho de estudos.

CONSTRUÇÃO HISTÓRICA DO CONCEITO DE METABOLISMO

Origem e construção do conceito de metabolismo nas Ciências Naturais

O termo "metabolismo" tem origem na palavra grega *metábole,* que significa *mudança.* Como conceito, surgiu no âmbito das Ciências Naturais e sua construção mais elaborada aconteceu na década de 1830 por cientistas alemães da área da Fisiologia Vegetal e Animal (em alemão o termo usado é *Stoffwechsel*). Antes disso, no entanto, foram realizadas muitas e diversas pesquisas até chegar a esse conceito mais desenvolvido no século XIX, que logo passou a ser também usado na Química (especialmente a Química Agrícola) e na Física, ligado aos estudos sobre troca de energia entre seres vivos.[1]

---

[1] A bioquímica brasileira Alicia Kowaltowski, pesquisadora do metabolismo no âmbito da Fisiologia Humana, chama atenção para o fato de que já havia estudos nessa perspectiva no mundo antigo. Destaca que, no século XIII, "o médico-pesquisador árabe Ibn al-Nafis reconhecia que 'o corpo e suas partes estão em um estado contínuo de dissolução e nutrição, estão inevitavelmente em mudança permanente' (Al-Nafis, 1280), uma descrição impressionantemente precisa, considerando que só se veio a reconhecer que somos compostos de átomos, pequenas partículas que se associam e se organizam na forma de moléculas, após o desenvolvimento da teoria atômica" (Kowaltowski, 2015, p. 12-13). Outro cientista que costuma ser citado como pioneiro nessas pesquisas

Os estudos sobre o metabolismo se intensificaram no começo do século XX e continuam até hoje, sendo principalmente objeto da Bioquímica. As atividades metabólicas foram sendo compreendidas como responsáveis pelas possibilidades de vida, distintivas do que define um ser vivo ou do que é, do ponto de vista biológico, a vida.[2] Alguns anos depois, a partir de Karl Marx (década de 1850 em diante), o conceito de metabolismo passou a ser utilizado também no âmbito das Ciências Sociais. No caso de Marx, em sua *Crítica da Economia Política*, possuia lugar destacado na formulação do próprio conceito de trabalho que estrutura sua obra magna, *O capital*. Mais recentemente, na continuação da análise do sistema do capital, István Mészáros (2002) destacou a importância de compreender o capital como um sistema metabólico socioeconômico com funções sociais determinadas e organicamente conectadas. A partir das análises de Mészáros, o conceito de "sociometabolismo" tomou nova força, depois de já ter sido incorporado às abordagens sistêmicas da Ecologia (Foster, 2023) e, na Ecologia Crítica, ter levado à noção de "metabolismo socioecológico".

Na formulação inicial das Ciências Naturais, especialmente no campo da Fisiologia Celular de plantas e animais, o conceito de metabolismo surgiu para tratar do conjunto de transformações físico-químicas pelas quais passam as substâncias que nutrem os organismos vivos, captando, transformando e liberando a energia

---

é o italiano Santorio Sanctorius (1561-1636), que estudou os processos metabólicos animais, incluídos os humanos, partindo de sua própria experiência alimentar (p. 11).

[2] Os vírus, por exemplo, não são considerados seres vivos porque não realizam atividades metabólicas, embora consigam se duplicar e se diversificar geneticamente porque se utilizam do metabolismo de outros organismos vivos, provocando neles alterações patológicas. São essas alterações que tornam os vírus objeto de estudo da Biologia.

como trabalho[3] de produção, reprodução e expansão da vida em sua diversidade de formas. Seu foco primeiro esteve nas transformações que se realizam como trocas materiais ou relações entre componentes internos a cada organismo e depois às relações externas que incidem nessas transformações, sendo mais recente a análise de como essas relações internas e externas se influenciam ou se determinam entre si.

A partir da década de 1840, o conceito de metabolismo passou a ser usado cada vez mais amplamente e seu sentido foi sendo alargado para tratar das relações entre diferentes seres que compõem a totalidade da natureza. Essa abordagem mais ampla, que não substitui e sim inclui a Fisiologia Celular, foi sendo consolidada especialmente depois do surgimento da *Ecologia*, termo criado pelo biólogo alemão Ernst Haeckel, em 1866, para identificar uma ciência preocupada em entender a "economia da totalidade da natureza" (Saito, 2021, p. 85).[4] Antes disso, o conceito de metabo-

---

[3] Etimologicamente, o termo "energia", do grego "ergos", significa *trabalho*. No âmbito da Física Moderna, trabalho passou a ser definido como a ação de uma *força* sobre determinado objeto (corpo, substância ou sistema), de modo a transformar seu estado físico e/ou químico. Nos termos da Bioquímica, trabalho é a capacidade de realizar essas transformações. A partir desse sentido bio-físico-químico, se pode falar, portanto, de um "trabalho natural", quer dizer, realizado pelos seres da natureza, e considerar o "trabalho humano social" como uma das formas específicas e mais complexas (pela interconexão entre ser natural e social) de trabalho. Com base nas Ciências Sociais, é mais usual nos referirmos ao trabalho da natureza como "atividade natural", nomeando de trabalho somente a atividade humana.

[4] Segundo as pesquisas de Foster (2023, p. 280), o conceito de Haeckel se popularizou muito lentamente e não foi adotado logo pela literatura darwinista, entrando "em moda" apenas no século XX. Uma das razões pode ter sido sua visão filosófica limitada e a conotação de darwinismo social (a inevitável guerra de todos contra todos, vencendo o mais forte) que assumiu, o que o afastou da própria literatura darwinista mais séria. Marx e Engels valorizaram as ideias evolucionistas de Darwin, vendo a espécie humana como parte do mundo animal, mas combatiam com veemência a visão darwinista para a análise social. Os autores conheceram o trabalho de Haeckel e preferiram não adotar o

lismo já tinha se expandido para o conjunto das Ciências Naturais, chegando depois à Economia Política.

Um uso muito importante da noção de metabolismo aconteceu no âmbito da agricultura, notadamente pela contribuição do químico Justus von Liebig (1803-1873) e depois do agrônomo Karl Nikolaus Fraas (1810-1875), ambos alemães, cujas pesquisas conseguiram explicar e sugerir alternativas para a perda da fertilidade do solo, que nessa época já se tornava uma questão social, aparecendo como um problema "técnico" da agricultura capitalista a ser resolvido pela ciência moderna colocada a seu serviço.

Diferentes obras de Química Agrícola de Liebig foram publicadas a partir de 1842, mesma época em que se realizavam as pesquisas e formulações científicas que levaram à formulação da *lei da conservação de energia* nos anos 1850, baseadas em pesquisas realizadas já no início dos anos 1840. A partir das pesquisas em Química Fisiológica que desenvolvia desde o final da década de 1830, Liebig "abriu o novo campo da análise do metabolismo", passando a investigar a relação recíproca entre plantas, animais e humanos como "interações químicas de substâncias orgânicas e inorgânicas" (Saito, 2021, p. 92).

Liebig não chegou a incluir em sua abordagem a questão energética, possivelmente pela sua inclinação às concepções filosóficas do "materialismo vitalista", que tentava evitar análises mecanicistas dos fenômenos bioquímicos, porém continuava identificando o "movimento fisiológico com fontes desconhecidas, até místicas (imponderáveis), que não podiam ser reduzidas à troca material". Liebig foi contestado por cientistas vinculados às descobertas sobre conservação e trocas de energia, que passaram a ser fundamentais

---

conceito de ecologia, escolhendo no lugar o conceito de "história natural". As ideias de Haeckel acabaram por exercer "influência, em uma direção trágica, no nacional-socialismo" (nazismo).

na compreensão do metabolismo (Foster, 2023, p. 234), mas sua abordagem foi precursora de estudos com relevância até hoje.

Na formulação de Liebig, o metabolismo "é um processo incessante de troca orgânica de compostos velhos e novos por meio de combinações, assimilações e excreções, de modo que toda ação orgânica possa continuar". Ele afirmou, além disso, "que a reação química de combinação e expressão é a fonte de corrente elétrica, bem como de calor e força". A teoria de Liebig influenciou o uso do conceito de metabolismo para além da nutrição individual de plantas, animais e humanos, ajudando a "analisar as interações no interior de um ambiente determinado", base da noção de ecossistema, construída depois e que continua amplamente usada (Saito, 2021, p. 93-94).

Sua grande contribuição à agricultura foi ter feito a "primeira demonstração sistemática do papel dos componentes orgânicos e inorgânicos do solo para o crescimento saudável das plantas" (Saito, 2021, p. 194). Note-se que a importância da análise química do solo foi consolidada em diferentes concepções de agricultura, com métodos que foram incorporando as descobertas científicas também de outras áreas da ciência. A importância de considerar o ciclo de nutrientes como "princípio básico da produção sustentável" (p. 195) também foi incorporada por diferentes abordagens da agricultura.[5]

Contrariando outras teorias, Liebig demonstrou como "a adição unilateral de substâncias orgânicas ou apenas de nitrogênio não pode garantir uma máxima colheita quando outros nutrientes essenciais do solo estão faltando". É necessário que todos os nutrientes essenciais existam no solo "acima de uma quantidade mínima". Em sua teoria, ele pôs destaque às substâncias inorgânicas por entender que,

---

[5] Cf. no *Dicionário de Agroecologia e Educação*, entre outros, o verbete "Ciclagem de nutrientes" (Khatounian, 2021, p. 214-226).

em contraste com as matérias orgânicas, que as plantas podem assimilar direta e continuamente da atmosfera e da chuva, as substâncias inorgânicas do solo podem ser fornecidas apenas até certo ponto, de modo que sua perda precisa ser fortemente limitada. [...] [É] necessário devolver constantemente ao solo aquelas substâncias minerais que são retiradas pelas plantas a fim de minimizar sua perda.

Com sua "lei da reposição", Liebig afirma a devolução de nutrientes inorgânicos ao solo como proposição central de uma agricultura racional (Saito, 2021, p. 195). [6]

Essas descobertas científicas de Liebig acabaram produzindo o vínculo da agricultura com a indústria de componentes sintéticos, usados para devolver a fertilidade roubada do solo.[7] Foi a alternativa

---

[6] Na explicação de Saito (2021, p. 252, nota 77), fundamentada nos estudiosos da atualidade Fred Magdoff e Harold van Es, um aspecto sobre a fertilidade do solo que ainda não era conhecido na época de Liebig é que as "plantas em geral não usam diretamente os nutrientes que fazem parte da matéria orgânica. Eles são primeiro convertidos em elementos inorgânicos que as plantas usam durante o processo de decomposição pelos organismos do solo. Agora entende-se que a matéria orgânica do solo é uma parte crítica da construção e manutenção de solos saudáveis e produtivos. Ela influencia positivamente quase todas as propriedades do solo – químicas, biológicas e físicas. Embora seja verdade que a matéria orgânica (ou húmus) não é absorvida diretamente pelas plantas, seu esgotamento nos solos é uma das principais causas da diminuição da produtividade. Adicionar apenas nutrientes químicos inorgânicos para repor aqueles removidos pelas plantações pode deixar os solos em más condições biológicas e físicas, levando a vários problemas, incluindo a erosão acelerada, solos secos (que armazenam pouca água), baixa capacidade de retenção de nutrientes, mais doenças e problemas com insetos e assim por diante. Na agricultura industrial moderna, isso é corrigido até certo ponto com a maior entrada de capital na forma de pesticidas, fertilizantes, equipamentos mais potentes e irrigação mais frequente". É assim que chegamos à era da insana agricultura de agrotóxicos, transgênicos e irrigação intensiva, tentando adiar a crise total e inevitável da forma capitalista de agricultura.

[7] O primeiro fertilizante agrícola sintético (fosfato) foi desenvolvido em 1842, pelo agricultor e agrônomo inglês John Bennet Lawes, e a primeira fábrica de fertilizantes foi construída em 1843. Lawes partiu e, ao mesmo tempo, tornou-se rival dos resultados das pesquisas de Liebig (Foster, 2023, p. 220),

encontrada para manter a lógica de produção capitalista na agricultura, baseada em monocultivos, mesmo após ficarem demonstrados seus efeitos destruidores da fertilidade do solo, uma lógica que seguiu se aprofundando até hoje e é uma das bases da crítica agroecológica à agricultura industrial capitalista.

Liebig tinha, no início de suas descobertas, uma posição otimista sobre a reposição artificial de nutrientes inorgânicos ao solo (em sua época eram usados especialmente ossos, guano e fertilizantes químicos), aliada ao revolvimento mecânico do solo, para ativar o processo de intemperismo por meio de ar e calor, como forma de continuar o desenvolvimento da agricultura buscando produtividade máxima e contínua. Mas suas pesquisas foram lhe mostrando a impossibilidade do "aumento infinito de safras na mesma terra". Os próprios países que tinham usado o guano saqueado da agricultura peruana[8] logo voltavam a ter problemas graves de fertilidade do solo.

Liebig foi entendendo que, a partir de certo ponto e das características próprias de cada solo, ele não produzirá mais; portanto, era a lógica da produção que precisava ser alterada (Saito, 2021, p. 199-200). Isso porque as medidas artificiais de adubação podem garantir, no imediato,

---

formulando sua "teoria do nitrogênio" que, "em contraste com a 'teoria da nutrição mineral' de Liebig, enfatizou a importância primária do nitrogênio para o amplo crescimento das plantas" (Saito, 2021, p. 196). Liebig também trabalhou na produção de fertilizantes minerais, tendo fracassado em sua primeira tentativa que não incluía o nitrogênio. Como fertilizante sintético, o nitrogênio foi desenvolvido somente a partir de 1913, com as pesquisas do químico alemão Fritz Haber (Foster, 2023, p. 222).

8   O saque do guano peruano (excremento de aves marinhas nativas da América do Sul que era usado na agricultura local) para tentar solucionar o problema de esgotamento do solo de países europeus no século XIX, especialmente a Inglaterra, ficou "famoso" como exemplo de "imperialismo ecológico" denunciado por Marx como "rapacidade cega", a mesma que o capital emprega ao exaurir a "força vital" do trabalho humano (*apud* Saito, 2021, p. 252). Análises na mesma direção foram feitas por Marx sobre os efeitos do colonialismo inglês sobre a agricultura da Irlanda e Índia.

safras maiores, mas vão tornando o solo cada vez mais rapidamente pobre. Há no máximo um adiamento e não a solução do problema do esgotamento da fertilidade do solo.

Em 1862, Liebig fez uma nova introdução autocrítica para a sétima edição da sua obra de Química Agrícola com uma forte denúncia "da violação da lei natural de reposição como um crime contra a humanidade", pressagiando que a terra ficaria cada vez mais infértil, "não apenas pela exportação contínua de suas safras, mas também pelo desperdício inútil dos produtos do metabolismo [...] que se acumulam nas grandes cidades" (*apud* Saito, 2021, p. 246). Segundo Alier (1988), Liebig mostrou nessa nova introdução a diferença entre a agricultura de espoliação e a agricultura de restituição, sustentando que era melhor a agricultura em pequena escala e a urbanização dispersa do que a agricultura dos latifúndios e a aglomeração urbana, pela sua maior capacidade de restituir ao solo os elementos fertilizantes.[9] Foi esse texto autocrítico que chamou especial atenção de Marx para aprofundar o estudo das obras de Liebig e de outros cientistas naturais de sua época, enquanto escrevia *O capital*.

Segundo as pesquisas de Saito (2021, p. 173), a publicação dessa sétima edição da obra de Liebig provocou vários debates e polêmicas sobre a validade da teoria dos fertilizantes minerais e, óbvio, sobre sua crítica à forma "moderna" de agricultura. Os aportes assentados na Física

---

[9] Nos termos de Liebig: "A fertilidade da terra é mantida sem danos por milhares de anos somente nos lugares onde as pessoas que trabalham na agricultura se reúnem para viver em uma área relativamente pequena, e onde o cidadão ou artesão das pequenas cidades espalhadas sobre o mesmo campo cultiva um pedaço de sua própria terra com suas próprias empresas [...]. Pode-se pensar na mesma terra sob a propriedade de dez grandes proprietários. O roubo substitui a reposição. O pequeno fazendeiro repõe quase completamente ao solo o que dele retira, mas o grande fazendeiro exporta grãos e carne para grandes centros de consumo e perde as condições para a reprodução. [...] Essa é a razão inevitável para o empobrecimento das terras pelo cultivo" (*apud* Saito, 2021, p. 263).

Agrícola e na história da agricultura de Karl Fraas entraram nesse debate chamando atenção para "os efeitos meteorológicos e climáticos sobre a formação dos solos e o crescimento das plantas" (p. 288), ou sobre a "assimilação e a difusão dos elementos do solo" (p. 290), estudando as mudanças climáticas "ao longo de um extenso período histórico" (p. 299) em países como a Mesopotâmia, o Egito e a Grécia. Já em 1847 ele publicou o livro *O clima e o mundo vegetal, uma contribuição para a história de ambos*, em 1852, *A história da agricultura*, em 1857, *A natureza da agricultura*, em 1866, *Crise agrária e seus métodos de cura* e, em 1872, a obra *A vida das raízes das plantas cultivadas e o aumento dos rendimentos.*

Fraas acabou se opondo à teoria da reposição de Liebig. Ele não nega a tese do esgotamento do solo nem a utilidade dos fertilizantes minerais,[10] mas duvida da solução pela reposição artificial de fertilizantes químicos. Afirma que, em determinadas condições climáticas, "a própria natureza cuida da reposição dos nutrientes do solo", e que, em uma agricultura "sustentável", é a natureza e não as "mãos humanas" que precisam garantir "seus próprios ciclos metabólicos" (Saito, 2021, p. 291-295).

Para Fraas, as mudanças no clima (especialmente temperatura e umidade do ar) que influenciam as transformações na vegetação ao longo do tempo causam mais perturbações na interação metabólica entre humanos e natureza do que a falta ou o roubo de uma determinada substância mineral do solo (Saito, 2021, p. 302). O autor também destaca o *desmatamento* como causa última do esgotamento do solo e o resultado cumulativo do esgotamento do solo, da formação de estepes e da desertificação como responsáveis pela "decadência da

---

[10] Na mesma perspectiva da reposição de minerais estão as formulações do alemão Julius Hensel (1844-1903) sobre as "farinhas de rochas", também chamadas de "pós de rocha", que ficaram conhecidas pelo seu livro *Pães de Pedra*, publicado pela primeira vez em 1898. Cf. sobre isso Pinheiro (2018), especialmente o capítulo V, "As farinhas de rocha", p. 153-184.

civilização" (p. 309). Os trabalhos de Fraas abriram caminho para pensar uma produção sustentável pela afirmação da "força eterna de reposição que existe *na própria natureza*". Segundo ele, a natureza oferece o reabastecimento completo de nutrientes do solo "por meio de intemperismo, aluvião, irrigação, chuvas, materiais meteóricos e uso de resíduos e excrementos como adubo" (p. 295).[11]

No século XX, metabolismo tornou-se uma categoria-chave na abordagem sistêmica da ecologia sobre a interação dos organismos com o seu ambiente. Foi Arthur Tansley (1871-1955), influenciado pelos estudos do biólogo darwiniano Lankaster (contemporâneo e amigo de Marx) e pela teoria inicial dos sistemas do matemático marxista britânico Hyman Levy, quem introduziu, em 1935, o conceito de *ecossistema* como uma explicação materialista das relações ecológicas.

Segundo as pesquisas de Foster (2023, 2015), logo depois, entre 1942 e 1944, o cientista russo Sukachev formulou o conceito de "biogeocenose", tentando integrar o conceito mais antigo do zoólogo alemão Karl Möbius de 1877, "biocenose" (comunidade biológica), com o ambiente abiótico (Foster, 2015). Sukachev pretendia criar uma categoria mais unificada e dialética do que a noção de ecossistema. Entendemos que essa é uma formulação a ser recuperada para cotejo com a construção histórica do conceito de ecossistema, outro dos nossos desafios de estudo visando os fundamentos da Agroecologia.

O conceito de metabolismo tornou-se base da *ecologia de sistemas*, consolidada no século XX. E o pensamento sistêmico sobre a natureza passou a ser assumido em trabalhos que se tornaram referência na ciência ecológica, como os de Eugene e Howard Odum (Foster,

---

[11] "Na explicação do geólogo Charles Lyell, aluvião é uma formação geológica: "Terra, areia, cascalho, pedras e outros materiais transportados que foram lavados e lançados pelos rios, inundações ou outras causas em terras não permanentemente submersas sob as águas de lagos e mares" (*apud* Saito, 2021, p. 296).

2013), abordagem que serviu depois de base inicial também à ciência da Agroecologia.

A abordagem sistêmica da Ecologia incorporou as descobertas científicas que deram origem ao conceito de "biosfera", usado pela primeira vez em 1875, pelo geólogo francês E. Suess, professor da Universidade de Viena, mas somente difundido a partir de seu desenvolvimento pelo cientista geoquímico russo Vladimir Vernadsky, com a publicação de seu livro *Biosfera* em 1926. Segundo ele, foi Suess, considerado "um dos maiores geólogos do século passado", quem "introduziu na ciência a ideia da *biosfera* como uma camada especial da crosta terrestre, coberta de vida". A partir daí foi entrando lentamente na consciência dos cientistas "a noção da universalidade da vida e da continuidade de sua manifestação na superfície terrestre" (Vernadsky, 2019, p. 107).

Continuando essas primeiras descobertas de Suess, as pesquisas de Vernadsky permitiram explicar como os mesmos fluxos de matéria e energia que estão na base dos processos de reprodução das células de um organismo vivo também estão na superfície do planeta. Para o autor de *Biosfera*:

> A disseminação da vida – um movimento que se expressa ao longo da existência – é uma manifestação de sua *energia* interna, do trabalho químico que ela produz [...]. Da mesma forma, a disseminação da matéria viva na superfície do planeta é uma manifestação de sua energia, de seu movimento inevitável, da ocupação de um novo lugar na biosfera por novos organismos criados pela reprodução. É, principalmente, uma manifestação da energia autônoma da vida na biosfera. Essa energia se manifesta no trabalho produzido pela vida, na transferência de elementos químicos e na criação de novos corpos a partir deles. Eu a chamarei de energia geoquímica da vida na biosfera. (Vernadsky, 2019, p. 45-46)

O trabalho de Vernadsky foi muito importante no caminho para uma abordagem ecológica do sistema terrestre.[12] Ainda em sua época,

---

[12] Vale registrar a chamada de atenção feita por Foster (2023b, p. 19-20) sobre

a obra interligou-se à construção de uma teoria da origem da vida que se tornou referência no desenvolvimento da ciência.[13] Vernadsky também foi contemporâneo da introdução na Geologia dos termos "Antropoceno" e "Antropogênica", cunhados pelo geólogo russo A. Pávlov (1854-1929), no mesmo período da publicação de *Biosfera*,

---

como "os conceitos de biosfera e ciclos biogeoquímicos de Vernádski foram por muito tempo subestimados no Ocidente por causa da perspectiva reducionista que prevalecia no ambiente científico e da origem soviética desses conceitos [...]. Ideologicamente, portanto, o conceito de biosfera parece ter caído [...] numa espécie de interdito. Ainda assim, a biosfera ocupou o centro do palco em 1970, com uma edição especial da *Scientific American* sobre o assunto. Nesse mesmo ano, em *The closing circle* [*O círculo que se fecha*], o biólogo socialista Barry Commoner fez um alerta sobre as grandes mudanças na relação dos seres humanos com o planeta, a começar pela idade atômica e pelos desenvolvimentos da química sintética. Commoner resgatou o alerta de Marx sobre a ruptura ambiental dos ciclos da vida causada pelo capitalismo quando o filósofo alemão discutiu a ruptura no metabolismo do solo". Sobre como Marx chegou a esse alerta, trataremos no próximo tópico.

[13] Nessa mesma década de 1920, enquanto Vernádski (ou Vernadsky na grafia usada pela edição brasileira de seu livro) desenvolvia seu trabalho científico sobre a biosfera, "o bioquímico soviético Aleksandr I. Oparin e o biólogo britânico J. B. S. Haldane desenvolveram de maneira independente a teoria da origem da vida, conhecida como 'teoria da sopa primordial'. [...] [A] teoria Oparin-Haldane explicou pela primeira vez como a vida pode ter se originado da matéria inorgânica e por que o processo não pode se repetir. Igualmente significativo é que a vida, surgindo dessa forma há bilhões de anos, pode ser vista como criadora da biosfera no interior de um complexo processo de coevolução" (Foster, 2023b, p. 18-19).

Anos mais tarde, especialmente a partir da década de 1960, outros cientistas, como James Lovelock, Lynn Margulis, Dorion Sagan, considerando as descobertas de Vernadsky de que a matéria viva é um sistema único que acumula energia química livre na biosfera pela transformação da radiação solar, elaboraram a chamada "Teoria de Gaia", que desvela a Terra como organismo vivo, demonstrando vários fenômenos metabólicos em escala planetária – a formação e regulação da composição química da atmosfera, incluindo a formação da camada de ozônio, a salinidade dos oceanos, a temperatura global. Uma das obras a conferir é Margulis, L. e Sagan, D., *O que é a vida?* Rio de Janeiro: Zahar, 2002.

para designar uma nova era geológica na qual a humanidade passa a ser "o principal motor da mudança geológica planetária" (Foster, 2023b, p. 17-18). O conceito "Antropoceno" passou a ter imenso destaque nos debates científicos e políticos da questão ambiental, especialmente a partir dos anos 2000, abordada a partir da chave de compreensão do metabolismo entre ser humano e natureza.[14]

O conceito de metabolismo na Crítica da Economia Política burguesa de Marx

Ainda no século XIX, Karl Marx (1818-1883), na parceria intelectual e política com Friedrich Engels (1820-1895), ancorado na noção de metabolismo que aprendera das Ciências Naturais, e especialmente de seu uso no âmbito da agricultura, ampliou o alcance de sua crítica à Economia Política burguesa ao desvendar os efeitos destrutivos da lógica das *relações sociais de produção capitalistas* sobre a natureza e sobre os processos de reprodução da vida humana. Essa análise firmou a compreensão de Marx sobre o trabalho ao mesmo tempo como atividade natural e social, compreensão que se tornou pilar central de sua concepção materialista e dialética da história.

Segundo pesquisas de Foster (2023; 2013) e Saito (2021), Marx conheceu o conceito de metabolismo primeiro pelo estudo e as interlocuções críticas com o médico Roland Daniels ainda no início da década de 1850. Na mesma época, ele conheceu os escritos de Liebig;[15] porém, foi enquanto fazia a elaboração d'*O capital* que ele os estudou com mais interesse.

---

[14] Vale conferir a obra de Angus, I. *Enfrentando o Antropoceno. Capitalismo fóssil e a crise do sistema terrestre*. São Paulo: Boitempo, 2023. Cf. também o verbete "Antropoceno" (Gomide, 2021).

[15] Kohei Saito identificou que o primeiro uso do conceito de metabolismo por Marx foi em um caderno de notas de março de 1851, após ter recebido de seu amigo Daniels (que também era da Liga Comunista) o manuscrito de seu livro *Microcosmo: esboço de uma antropologia fisiológica*. Segundo as anotações

Nos seus *Grundrisse*, em 1857-1858, Marx deu um lugar central a um conceito já ampliado de metabolismo na sua formulação sobre a interação entre os aspectos naturais e sociais envolvidos na produção, destacando que a separação entre a existência humana e as condições naturais dessa existência era algo próprio às relações capitalistas de produção. Hoje tem merecido especial referência sua afirmação nos *Grundrisse*:

> Não é a *unidade* do ser humano vivo e ativo com as condições naturais, inorgânicas,[16] do seu metabolismo com a natureza e, em consequência, a sua apropriação da natureza que precisa de explicação ou é resultado de um processo histórico, mas a *separação* entre essas condições inorgânicas da existência humana e essa existência ativa, uma separação que só está posta por completo na relação entre trabalho assalariado e capital. (Marx e Engels, 2020, p. 507).

Mas foi na sua obra magna, *O capital*, livro I, publicado em 1867, que "a concepção materialista de natureza de Marx se tornou plenamente integrada com sua concepção materialista da história" (Foster, 2023, p. 207). Ali, na sua definição do trabalho humano, "Marx tornou o conceito de metabolismo central a todo seu sistema de análise, ao enraizar nele sua compreensão sobre o processo de trabalho" (p. 230):

> O trabalho é, antes de tudo, um processo entre o homem [ser humano] e a natureza, processo este em que o homem, por sua própria ação, medeia, regula e controla seu *metabolismo* com a natureza. Ele se confronta com a matéria natural como uma potência natural [...]. A fim de se apropriar da matéria natural de uma forma útil para sua própria vida, ele põe em movimento as forças naturais pertencentes a sua corporeidade: seus braços e pernas, cabeça e mãos. Agindo sobre a natureza externa e modificando-a

---

de estudo de Marx acessadas por Saito, isso aconteceu antes de sua primeira leitura do livro de Liebig, que consta ter sido feita em julho desse mesmo ano (Saito, 2021, p. 95-97).

[16] Hoje diríamos "condições naturais, *orgânicas e inorgânicas*".

por meio desse movimento, ele modifica, ao mesmo tempo, sua própria natureza. (Marx, 2013, p. 255 – grifo nosso).[17]

Como apropriação de elementos da natureza para satisfazer necessidades humanas, o trabalho é, portanto,

> condição universal do metabolismo entre homem [ser humano] e natureza, perpétua condição natural da vida humana e, por conseguinte, independentemente de qualquer forma particular dessa vida, ou melhor, comum a todas as formas sociais (Marx, 2013, p. 261).

A continuidade desses estudos de Marx foi registrada em manuscritos e processada na sequência de sua elaboração dos livros II e III d'*O capital*, infelizmente não concluídos antes de sua morte. São esses manuscritos que foram aos poucos sendo organizados e trazidos a público, e alguns deles apenas recentemente tomados como objeto de pesquisa.

Enquanto escrevia *O capital*, Marx ficou muito impressionado com a nova introdução à sétima edição do livro de Liebig *Química Agrícola* (1862), a qual nos referimos anteriormente.[18] A análise de

---

[17] Cf. uma análise dessa definição de trabalho humano em Marx, também na relação com a noção alargada de metabolismo em Rolo (2022, p. 46); para entender melhor o lugar do conceito de metabolismo na compreensão científica do trabalho humano, importante ler todo o capítulo "A emergência do trabalho como objeto científico", p. 39-53.

[18] Em Marx, uma das referências importantes ao trabalho de Liebig aparece no capítulo 47 d'*O capital* (Livro III), "Gênese da renda fundiária capitalista", capítulo fundamental ao estudo da questão agrária ainda hoje (Marx, 2017, p. 873): "a grande propriedade do solo reduz a população agrícola a um mínimo em diminuição constante e opõe-lhe uma população industrial cada vez maior, aglomerada em grandes cidades, gerando assim as condições para uma *ruptura irremediável no metabolismo social*, prescrito pelas leis naturais da vida; dessa ruptura decorre o desperdício da *força da terra*, o qual, em virtude do comércio, é levado muito além das fronteiras do próprio país (Liebig)" [grifos nossos]. John Bellamy Foster foi um dos pioneiros da pesquisa sobre a importância da leitura de Liebig para o amadurecimento da visão ecológica de Marx. Em Saito (2021, p. 256-257), há uma análise contextualizada desse trecho do Livro

Liebig sobre o empobrecimento do solo como "mecanismo material do decrescimento da produtividade agrícola" (Saito, 2021, p. 201) permitiu a Marx não apenas tratar em detalhes o problema da diminuição dessa produtividade na sua teoria sobre a especificidade da *renda da terra* (ou renda fundiária), como erigir as propriedades materiais do solo como categoria econômica geral em sua crítica à Economia Política burguesa como um todo (p. 202). Marx não chegou a revisar ou mesmo completar essa teoria específica, sendo sua publicação somente feita por Engels depois de sua morte, como parte do livro III d'*O capital*. Mas suas formulações se tornaram referência para os estudos da questão agrária até hoje.[19]

De acordo com as anotações de estudo analisadas por Saito, Marx foi encontrando outros autores que se tornaram tão importantes quanto Liebig para seus estudos sobre agricultura e sua crítica ecológica ao capitalismo. Karl Fraas, o agrônomo que mencionamos antes, foi um deles (Saito, 2021, p. 285). Quando leu obras de Fraas, acompanhando os debates provocados pelas teses de Liebig, o que mais parece ter interessado a Marx foi a descoberta de que a natureza muda ao longo do tempo e como as mudanças climáticas em civilizações antigas foram provocadas pelo *desmatamento* massivo decorrente da forma de produção.

A questão da fertilidade do solo já tinha chamado atenção de Marx no estudo que fez da obra do químico agrícola escocês James F. W. Johnston (1796-1855) sobre a perda da fertilidade do solo na América do

---

III, mostrando como Marx incorporou as descobertas de Liebig e, ao mesmo tempo, foi progressivamente assumindo uma postura crítica sobre suas teses, sobretudo as econômicas.

[19] Cf. uma síntese de compreensão dessa elaboração específica de Marx no verbete "Renda da terra", do *Dicionário de Agroecologia e Educação* (Stedile, 2021). Ver também Martins (2024), especialmente o capítulo "O desenvolvimento capitalista e as especificidades da agricultura", para uma análise detalhada da composição da renda fundiária sob a forma capitalista de propriedade privada da terra.

Norte (Foster, 2023, p. 219; 223) e dos trabalhos do economista político e agricultor escocês James Anderson (1739-1808) enquanto buscava entender a renda fundiária capitalista. Anderson era um economista político que fazia críticas às teorias econômicas de Malthus e, na leitura de Marx, o cerne da contribuição dele foi ter colocado "a questão da fertilidade do solo em termos históricos" (Foster, 2023, p. 213-214).[20]

Além disso, assim como Liebig, Marx conhecia os trabalhos de pesquisa do economista político estadunidense Henry Carey (1793-1879), que desde os anos 1840 analisava a separação entre cidade e campo e a distância entre quem produz e quem consome como "um importante fator na perda líquida de nutrientes do solo e na crescente crise da agricultura" (Foster, 2023, p. 224).

Marx foi entendendo que o desmatamento e o esgotamento do solo eram uma expressão material visível da contradição própria à forma capitalista de conduzir a relação entre o ser humano e a natureza, logo fazendo a associação do roubo do solo com a lógica do trabalho assalariado que rouba a força vital do corpo humano trabalhador. E compreendeu que a separação entre campo e cidade, logo depois convertida em oposição hierárquica que tenta subordinar a agricultura à indústria fabril, é expressão típica dessa forma de produção.

---

[20] Cf. em Foster, 2023, especialmente no capítulo "O metabolismo entre natureza e sociedade" (p. 207-256) a influência dos estudos de Anderson, que combinavam economia política e agronomia, na formulação processual da crítica de Marx à agricultura capitalista, expressas nos debates feitos com as teorias de superpopulação de Malthus e de renda da terra de David Ricardo, economistas políticos em destaque na sua época. Na análise de Foster, a estrutura conceitual que Marx foi construindo a partir da noção de metabolismo permitiu a ele amarrar sua crítica das três ênfases da Economia Política burguesa: a análise que fez sobre a extração de mais-valor do produtor direto, sua teoria sobre a renda fundiária capitalista e sua crítica à teoria malthusiana da população, que Marx entendia ser uma expressão brutal do ponto de vista igualmente brutal do capital (p. 208-209).

Foram especialmente os estudos sobre o solo e a agricultura que levaram Marx a analisar que uma "ruptura irreparável"[21] (Foster, 2023, p. 208) surgiu historicamente no metabolismo entre o ser humano e a natureza como resultado das relações de produção capitalistas e da separação entre momentos, lugares e sujeitos da produção, circulação e consumo, estabelecida pelo distanciamento e oposição entre cidade e campo.

É importante que pensemos no duplo sentido em que se entende a palavra "irreparável" aqui: 1) a ruptura não tem como ser reparada, no sentido de ser controlada ou alterada na lógica própria das relações capitalistas de produção; 2) e em relação aos efeitos dessa ruptura sobre a natureza toda e o ser humano em particular, é preciso considerar que, sim, a natureza tem uma capacidade enorme de autorregeneração ou mudanças de estado que respondem ou reagem às ações humanas, mas nem todos os processos são reversíveis.[22]

O conceito de *ruptura metabólica* na relação entre cidade e campo, entre os seres humanos e a terra, permitiu a Marx penetrar nas raízes do que foi às vezes chamado pelos historiadores de "segunda revolução agrícola", que então ocorria no capitalismo, e da crise na agricultura associada a ela. A partir daí ele pode desenvolver uma crítica da degradação ambiental provocada pela lógica capitalista de produção que antecipou boa parte do pensamento ecológico atual (Foster, 2023, p. 208).

---

[21] Na edição de 2005 do livro de Foster, o termo usado é "falha" e não "ruptura", possivelmente por esse termo ser o mais usual em português na abordagem biológica do metabolismo. As traduções mais recentes dos textos de Marx e de Foster consideraram a palavra *ruptura* mais adequada à análise de Marx, e "ruptura metabólica" ou "ruptura do metabolismo socioecológico" vem se consolidando como um conceito da Ecologia e da Economia Política críticas.

[22] Vale-nos aqui o provérbio polonês: *pode-se transformar um aquário em sopa de peixe, mas uma sopa de peixe não tem como voltar a ser aquário.*

Marx foi integrando uma síntese própria de compreensão dessas formulações sobre o metabolismo da natureza à sua teoria do valor-trabalho, que é a elaboração fundamental de sua crítica à Economia Política burguesa. Pelo conceito de "ruptura metabólica" na interação entre ser humano e natureza, ele refinou sua análise materialista da alienação humana em relação ao trabalho e aos processos naturais que são sua base.

Já em seus *Manuscritos* de 1844, Marx destacava o ser humano como parte da natureza e a necessidade vital do intercâmbio do corpo humano com essa totalidade. Essa compreensão o levou a expressar esta relação fundamental de forma mais científica e sólida, retratando a troca complexa, dinâmica, entre os seres humanos e a natureza decorrente do trabalho humano. O conceito de metabolismo, com suas noções incluídas de trocas materiais e ação regulatória, permitiu a Marx "expressar a relação humana com a natureza como uma relação que englobava tanto 'as condições impostas pela natureza' quanto a capacidade dos seres humanos de afetar esse processo" (Foster, 2023, p. 232).

A compreensão do "metabolismo universal da natureza" converteu a visão otimista inicial de Marx sobre o "domínio humano da natureza" em uma crítica contundente à forma de metabolismo entre humanos e a natureza que deteriora as "condições materiais de produção e impede o livre desenvolvimento humano". A contradição entre capital e natureza afeta não apenas a agricultura, mas passa a organizar "a totalidade da vida social e privada" (Saito, 2021, p. 321-322).

Depois de já ter publicado o livro I d'*O capital*, Marx seguiu e ampliou o leque de seus estudos das Ciências Naturais, incluída a Geologia, e ao retomar mais detidamente o estudo de sociedades comunais antigas, passou também a buscar nelas o metabolismo sustentável entre humanos e natureza que, na forma comunal de produção, funcionava como fonte de vitalidade. É desse contexto de estudos a interlocução que fez com Vera Zasulich nos anos 1880, sobre o potencial das comunas camponesas no possível processo revolucionário russo (Saito, 2021a, p. 34).[23]

Daí o desafio posto por Marx à "sociedade de produtores associados", de "governar o metabolismo humano com a natureza de uma forma racional", porque essa regulação coletiva consciente excede completamente as condições estruturais da sociedade burguesa (*apud* Foster, 2023, p. 208).

Marx continuou usando o conceito de metabolismo nas obras de maturidade, aproximando-o cada vez mais de suas formulações do âmbito econômico. Foster (2023, p. 230-231) destaca que, em 1880, nas "Notas sobre Adolph Wagner", seu último trabalho de economia, Marx enfatizou que o fluxo circular econômico estava estreitamente associado ao fluxo circular ecológico, ou seja, às trocas materiais próprias da interação entre seres humanos e natureza mediada pelo trabalho.

Na análise de Foster, Marx foi se inclinando a uma abordagem "energética" do metabolismo, demonstrando que ele e Engels conheciam as formulações e os debates em torno das descobertas sobre a conservação, troca e dissipação de energia, que iniciaram nos anos 1840 e foram se conectando com a noção de metabolismo das Ciências Naturais. Essa abordagem não estava ainda presente nas obras de Liebig. O uso por Marx na década de 1860 do conceito de metabolismo para explicar a relação do trabalho humano com seu ambiente já estava em sintonia com a "mudança geral em direção à energética na ciência" que começava a se processar nessa época (Foster, 2023, p. 234).

Talvez por isso os analistas críticos dos trabalhos de Marx e Engels nesse plano ecológico afirmam que eles poderiam ter avançado na incorporação da "contabilidade energética" em sua teoria do valor

---

[23] Sobre a correspondência entre Marx e a militante de uma das organizações revolucionárias russas, Vera Zasulich, cf. Shanin, 2017.

econômico. A elaboração do que passou a ser chamado de "economia ecológica", que considera o "metabolismo da energia", ficou para a nossa época, não sem polêmicas entre seus defensores seja nas Ciências Naturais, seja na Economia Política (Harriss-White, 2020, p. 171).

Observe-se o caminho da compreensão e do uso do conceito de metabolismo em Marx e Engels: começaram compreendendo sua formulação pelas Ciências Naturais, passando a entender os primeiros sinais de uma ruptura metabólica que se manifestava na agricultura em decorrência dos agravos causados pela incidência da indústria capitalista sobre ela e chegando à compreensão mais ampla da relação ser humano e natureza mediada pelo trabalho. Estenderam o uso do conceito para compreender as relações cidade e campo, ligadas ao aprofundamento da divisão social e técnica do trabalho, e depois fizeram sua reconstrução para explicar a lógica das relações sociais de produção capitalistas. Inicialmente restrito à dimensão físico-material, com Marx e Engels o conceito de metabolismo incorporou novos conteúdos, passando a abarcar um universo mais alargado de relações.

Esse movimento de compreensão e uso do conceito de metabolismo não foi linear: quando Marx e Engels estudaram o conceito em Liebig, eles já estavam buscando entender as relações capitalistas. E prestaram atenção na química agrícola porque já tinham toda uma compreensão da base material natural do trabalho humano, da formação do ser humano. Eles também acompanhavam o debate, entre os próprios economistas, sobre a degradação do solo provocada pelo avanço da forma capitalista de agricultura. É esse movimento de interconexão entre os fenômenos naturais e sociais, sem perda da especificidade que os distingue, que precisamos restaurar hoje no *modo de estudo da agroecologia*.

Marx pensou a dimensão social da produção em estreita ligação com um conceito das Ciências Naturais, não como transposição ou metáfora e sim como reconstrução conceitual, primeiro por analogia e depois como raciocínio teórico dentro da teoria social, que inclui a base material natural sobre a qual todas as formas sociais se constituem. Entendeu que a alienação do trabalho – que é também alienação da natureza externa e interna ao ser humano –, radicalizada no modo de produção capitalista, e que gera uma ruptura nos ciclos metabólicos naturais entre humanos e natureza, é também uma ruptura no metabolismo social entre os seres humanos, pela cisão (antagônica) de classes que a forma capitalista de propriedade privada dos meios de produção e de exploração do trabalho social reafirma e aprofunda.

Ele passou a empregar o conceito de metabolismo

> tanto para se referir à interação metabólica real entre a natureza e a sociedade por meio do trabalho humano [...] quanto em sentido mais amplo [...], para descrever o conjunto complexo, dinâmico e interdependente de necessidades e relações criadas e constantemente reproduzidas de forma alienada sob o capitalismo e a questão da liberdade humana que isso levantava – todas as quais poderiam ser vistas como sendo conectadas à forma como o metabolismo humano com a natureza era expresso por meio da organização concreta do trabalho humano. O conceito de metabolismo, portanto, assumiu tanto um significado ecológico específico quanto um significado social mais amplo. (Foster, 2023, p. 231)

E essa ampliação de significado "deu a Marx uma forma concreta de expressar a noção de alienação da natureza (e sua relação com a alienação do trabalho) que era central à sua crítica desde os seus primeiros escritos" (Foster, 2023, p. 232). Foi Mészáros (2002) quem depois aprofundou e continuou especialmente a elaboração de Marx sobre esse sentido mais amplo de metabolismo social, construindo uma análise potente do que chamou de "reprodução sociometabólica do capital".

Na visão de Saito (2021, p. 23), que dialoga com as pesquisas pioneiras de Foster, o conceito de metabolismo "nos leva a uma interpretação sistemática da ecologia de Marx" e do próprio desenvolvimento autocrítico de seu pensamento que, ao avançar na compreensão das determinações naturais do trabalho humano, passou a enfatizar "a importância estratégica de restringir o poder reificado do capital e transformar a relação entre humanos e natureza, de modo a garantir um metabolismo social mais sustentável" (p. 34).

A "teoria do metabolismo" que foi sendo desenvolvida por Marx também o levou a relativizar suas teses iniciais sobre a "influência civilizadora do capital" entre países "mais" e "menos" desenvolvidos e a radicalizar sua crítica aos efeitos negativos do colonialismo, pondo em destaque nessa crítica a destruição da "agricultura tradicional sustentável" (Saito, 2021, p. 263). "Ao integrar a crítica de Liebig à agricultura do roubo, Marx aprofundou sua crítica ecológica ao capitalismo", ainda que não tenha conseguido desenvolvê-la até o final (p. 269). Ele passou a analisar "como as rupturas no metabolismo social e natural se globalizam quando aumentam as demandas por importação de matérias-primas e produtos agrícolas mais baratos. Marx chega à convicção de que, na medida em que o desejo infinito de acumulação de capital organiza a relação dos humanos com a natureza, não existe um método eficaz no capitalismo para evitar desastres produtivos" (p. 262-263).

O que Marx entendeu melhor a partir dos estudos de Ciências Naturais de sua época é que a perturbação ou as transformações provocadas no metabolismo universal da natureza pelo trabalho humano em qualquer setor de produção – e mais imediatamente visíveis na agricultura – não começaram nem foram invenção do modo de produção capitalista, sendo próprias das relações necessárias, e sempre contraditórias, à produção social da vida humana ao longo da história. Mas ao estudar mais detidamente "a especificidade da perturbação capitalista do metabolismo" natural (Saito, 2021, p. 312), compreendeu que a lógica do capital converte a perturbação em uma *ruptura* incontrolável que vai tornando insustentável e insana a própria produção da vida.

E essa ruptura se torna incontrolável porque, nessa lógica de produção, "a interação sociometabólica é mediada pelo valor" (Saito, 2021, p. 203)[24] e, como força social independente, "o capital contradiz a limitação fundamental das forças e dos recursos naturais por causa de seu impulso em direção à autovalorização infinita" (p. 321).[25] É, portanto, do próprio "DNA" dessa forma de produção não considerar os limites naturais impostos aos processos produtivos, bem como lhe é própria a alienação dos humanos em relação à natureza e ao seu próprio trabalho, gerada pela forma burguesa de propriedade privada dos meios de produção e de transformação da força de trabalho em mercadoria.

A alienação material, por sua vez, incide sobre o modo de ver o mundo das pessoas concretas que, no seu dia a dia, não chegam a entender, sequer perceber, que há uma contradição antagônica, portanto explosiva, entre as finalidades da produção capitalista e a lógica metabólica do mundo natural.

Mas diferente das posições, por exemplo, de Liebig e Fraas, limitados pelo seu vínculo de classe com a burguesia, que lhes impedia de avançar para uma crítica estrutural ao modo de produção capitalista, Marx entendia que essa situação era histórica e, portanto, superável. Ele passou então a incluir na agenda de construção da sociedade futura, comunista, uma regulação consciente do metabolismo com a natureza, para que o desenvolvimento

---

[24] Cf. uma síntese didática sobre a teoria do valor em Rolo, 2022, especialmente o capítulo "A teoria do valor-trabalho", p. 83-128.

[25] Na observação de uma das biólogas com as quais dialogamos durante a elaboração deste ensaio, pode-se comparar essa forma de produção sem limites do capital a um câncer, quando as células perdem a capacidade de se autorregular e se multiplicam sem limites a partir das alterações de seu metabolismo, causando danos à homeostase ou ao equilíbrio dinâmico do corpo.

das forças produtivas aconteça pela interação e não pela busca irracional de abolir as leis do metabolismo universal da natureza. E o avanço tecnológico necessário a esse desenvolvimento precisa ter como pressuposto essa interação metabólica, dialética, do ser humano com seu meio natural, que respeita os limites impostos pelas leis que o regem.

Vale destacar, considerando as finalidades desta síntese, que, contrariando interpretações que viram os estudos sobre a agricultura em Marx como questão marginal em sua obra maior, o que podemos entender, pela releitura atenta de sua obra com o suporte das pesquisas atuais sobre o caminho de seus estudos e de sua elaboração autocrítica, é o lugar fundamental dessa questão. Buscar entender a fertilidade do solo e a forma de agricultura que pode esgotá-la foi passo básico não apenas para sua elaboração específica sobre a renda da terra, mas para a lapidação de sua visão materialista e dialética da história e de seu método de análise geral do modo de produção capitalista visando sua superação.

Atualidade do conceito de metabolismo nas Ciências Naturais e Sociais

Marx e Engels compreenderam que a alienação da terra foi condição estrutural primeira para o estabelecimento das relações sociais de produção capitalistas, determinação social e histórica da ruptura metabólica entre ser humano e natureza. Eles construíram a explicação sobre a manutenção dessas relações, mesmo com tanto conhecimento disponível sobre sua irracionalidade e insustentabilidade no longo prazo.

Especialmente a elaboração ponteada por Marx conseguiu destrinchar o que, por analogia, pode ser chamado de *metabolismo* interno ao sistema do capital, passando a entendê-lo como uma relação social de produção que organiza sistemicamente uma forma histórica de sociedade baseada na contradição entre capital e trabalho humano vivo e entre o capital e o todo da natureza.

Essa compreensão ajudou a desvelar que uma ruptura incontrolável dos processos metabólicos naturais (no solo, no organismo de cada ser vivo, no corpo humano, nos ecossistemas, na biosfera) é própria de uma determinada forma de vida social, construída historicamente pelos seres humanos sociais.[26] A ruptura metabólica somente será superada pelos seres humanos capazes de transformar radicalmente a forma de *relações sociais de produção* que a provoca ou aprofunda. E essa superação terá que passar pela sua desalienação da natureza, que implica a reapropriação social da terra pelo trabalho vivo que se dispõe a nela produzir sem romper com seu metabolismo natural próprio, apropriando-se da lógica das relações, permanências e transformações que o constituem.

Mészáros (2002) estudou, fundamentado na chave teórica de Marx, o capital como um "sistema de metabolismo social geral", mostrando como o imperativo combinado de "acumulação e expansão" é a força motriz desse sistema, sem o que ele não se reproduz, não "sobrevive" (p. 905). Essa força determina um aumento acelerado da escala de produção e a redução drástica do tempo de produção, ao mesmo tempo que "trunca" a dialética entre produção – circulação – consumo (p. 967), de uma forma que distancia cada vez mais a produção das necessidades reais da vida humana e do tempo próprio dos processos naturais. E são essas exigências do sistema do capital que explicam as relações entre campo e cidade configuradas pelo capitalismo. A cidade pode ser analisada como a

---

[26] Por analogia, se pode pensar que, assim como alguns problemas genéticos comprometem os fluxos metabólicos biológicos, a gênese da forma capitalista de produção (alienação do ser humano em relação à terra) traz em si a ruptura do metabolismo social entre ser humano e natureza como condição mesma de sua realização.

expressão no espaço da lógica industrial capitalista e da vida social que lhe corresponde.

Essa dinâmica incontrolável do capital, como forma histórica de relação social de produção, vai chegando ao ponto de colocar em risco a continuidade da espécie humana.[27] Cada vez mais para o capital "vale tudo", inclusive a destruição e sua autodestruição, para que a dominação do trabalho, a serviço da necessária extração do trabalho excedente, da produção de mais-valor, continue. Por isso mesmo, a "viabilidade sociometabólica" do capital só poderia ser histórica, transitória, e precisaria ser superada "pela intervenção radical do projeto socialista". Nas palavras de Mészáros (2002, p. 952):

---

[27] "Sob o sistema do capital, encontramos uma *dialética truncada*, pois a alienação dos meios de produção dos produtores, e a imposição de um modo separado de controle, cria um *curto-circuito*. A operação deste curto-circuito [...] só é compatível com a predeterminação fetichizada do próprio processo de produção em andamento, e do modo pelo qual os indivíduos são levados a *interiorizar* seus possíveis fins e objetivos motivadores, orientados para aquisição de produtos ou produtos mercantilizados, subordinados ao impulso expansionista do sistema. A satisfação das necessidades dos indivíduos só pode surgir *post festum* [depois de ocorrido], de acordo com o caráter *post festum* da própria produção, na proporção em que *necessidades legitimadas e reconhecidas post festum* podem se acomodar no curto-circuito reprodutivo da dialética truncada do capital. Desse modo, ocorre uma fatal distorção no processo de distribuição, que funciona pela expropriação de componentes absolutamente necessários para pôr em movimento o processo de trabalho – o material e os meios de produção –, desapropriando assim o poder de controle sobre o sociometabolismo como um todo. O fato acaba por distorcer também tanto a produção como o consumo. Os três setores sofrem uma distorção incorrigível justamente para poder servir tanto ao imperativo estrutural de expansão como à retenção do controle pela estrutura alienada de comando da hierarquia estrutural estabelecida. As ilusões de 'variedade' e 'diversidade' no consumo são cultivadas artificialmente no interesse da autolegitimação do sistema. Nada poderia estar mais distante da verdade, pois a necessidade de induzir a fictícia 'soberania dos consumidores' e ajustar suas reconhecidas necessidades *post festum* aos *encaixes preestabelecidos* da produção, sob o domínio do capital, representa o máximo do *conformismo*" (Mészáros, 2002, p. 967).

> Na ausência total de critérios reguladores que possam desenvolver positivamente as necessidades humanas, a lógica infernal e o impulso infinito do capital para a autoexpansão quantitativa conduz inevitavelmente a consequências destrutivas. A destrutividade da dinâmica interna do capital afeta não só o ambiente natural, mas cada faceta da reprodução sociometabólica [...]. É assim que atingimos a fase histórica na qual a lógica autocontraditória da autopreservação destrutiva do capital impõe um nível e uma gama antes absolutamente inimagináveis de produção destrutiva. Não há meios de fugir a essa regra [...]. [Nos] termos da lógica do capital, exterminar a humanidade é muito preferível a permitir que se questione a *causa sui* desse modo de reprodução [...].

Ao mesmo tempo que o capital se constituiu originariamente ("acumulação primitiva") pela ruptura metabólica entre trabalho vivo e terra (alienação material da terra e de si mesmo), o seu desenvolvimento histórico tem entranhada uma contradição mortífera: seu desenvolvimento máximo representa uma ruptura de seu próprio "metabolismo" essencial, porque vai sufocando a forma social de trabalho (assalariado) que o sustenta e destruindo as condições naturais da produção.

A busca do controle absoluto do capital sobre tudo vai progressivamente tirando dele o controle sobre a sua própria lógica. Essa é sua crise estrutural profunda. A partir daí, as soluções para a sua sobrevivência, enquanto relação social dominante, passam a ser cada vez mais insanas e destrutivas – é a "loucura da razão econômica", como nomeia Harvey (2018) –, aprofundando a ruptura e a alienação que lhe corresponde, em todas as esferas da vida e em níveis cada vez mais insustentáveis, como nos mostram as pandemias enfrentadas mais recentemente e a crise climática global.

Note-se: o conceito de metabolismo, que levou à noção de "ruptura metabólica", foi incorporado à teoria social de Marx no mesmo século em que foi revelado pelas Ciências Naturais, isto é, no século XIX. No entanto, faz menos de três décadas que passou a merecer maior atenção de seus intérpretes. Foster foi um dos pioneiros dessa reconstituição "arqueológica" do conceito e o fez no bojo de preocupações ecológicas próprias de nossa época, constatando a perda representada pelo distanciamento de pensadores marxistas das Ciências Naturais (Foster, 2023, p. 12). Parte importante da tradição especialmente ocidental da abordagem marxista entregou as Ciências Naturais ao positivismo, negligenciando questões relacionadas à natureza e deixando de fazer uma abordagem crítica dialética do desenvolvimento histórico das Ciências Naturais, algo que Marx e Engels exercitaram com maestria ao longo de seu percurso de estudos e sua parceria intelectual e política de vida inteira.

Em suas pesquisas atuais, Saito (2021, p. 324-325) reitera a crítica que é também uma autocrítica de Foster, analisando como diversas

> discussões sérias sobre a destruição do meio ambiente e a deterioração das condições de sobrevivência da humanidade estavam em andamento já na década de 1860. Não é por acaso que Marx, estudando constantemente novos livros e artigos em várias disciplinas, foi levado a integrar o surgimento do pensamento ecológico no século XIX à sua própria crítica da Economia Política, já que essa dimensão havia sido amplamente negligenciada. [...] Se a afirmação de que a Ecologia de Marx tem uma importância secundária para sua crítica da economia política foi aceita como convincente por longo tempo, a razão pode ser parcialmente encontrada na tradição do marxismo ocidental, que lidava principalmente com formas sociais [...] enquanto o problema da 'matéria' e do 'conteúdo' foi amplamente negligenciado. Se a 'matéria' se integra ao seu sistema, os textos de Marx abrem caminho para a Ecologia sem muita dificuldade.

No século XX, o legado de Marx e Engels inspirou trabalhos de ecologistas e estudiosos soviéticos da questão agrária, e o próprio Lenin dava muita importância ao tratamento do ambiente natural e incluía em suas análises da questão agrária os "equilíbrios físicos entre cidade e campo". Bukharin foi um dos teóricos do materialismo histórico do período soviético que trazia Marx nas suas discussões dos anos 1920 sobre "fluxos metabólicos e tecnologia em relação à agricultura". Mas a era stalinista é analisada como "ecocida", promovendo a "desconexão soviética com relação à ecologia", o que contribuiu para a ruptura entre Ciências Naturais e Sociais na abordagem do marxismo ocidental (Harriss-White, 2020, p. 170).

No entanto, esse recuo não impediu que uma visão científica mais integrada continuasse a ser desenvolvida. Segundo as pesquisas de Foster, nas décadas de 1960 e 1970, cientistas soviéticos, em diálogo com cientistas de outras partes do mundo, e prosseguindo em descobertas como as de Vernadsky, passaram a denunciar os efeitos do modo de produção capitalista sobre a sustentabilidade do planeta. Nos anos 1970, Evguiéni K. Fiódorov, membro do soviete supremo, considerado um dos principais climatologistas do mundo, declarou que o mundo precisava abandonar os combustíveis fósseis. Para Fiódorov, a teoria de Marx sobre o "metabolismo entre as pessoas e a natureza" era a "base metodológica para uma abordagem ecológica da questão do sistema terrestre". Foi nesses anos "que os climatologistas da União Soviética e dos Estados Unidos encontraram pela primeira vez 'evidências', nas palavras de Clive Hamilton e Jacques Grinevald, de um 'metabolismo mundial'..." (Foster, 2023b, p. 19-20).[28]

A própria abordagem de Foster e de Paul Burkett,[29] cientistas sociais estadunidenses, pode ser considerada como formadora dessa tradição de pensar tanto a crítica da Economia Política capitalista como a Ecologia de perspectiva marxista nas últimas décadas. Eles

---

[28] Cf. Foster, 2015, sobre a Ecologia soviética.

[29] No prefácio da obra *A ecologia de Marx*, Foster indica a "obra magistral" de Paul Burkett, seu parceiro de trabalho na *Monthly Review*, especialmente seu livro *Marx and nature: a Red and Green perspective* (Marx e a Natureza: uma perspectiva vermelha e verde, ainda sem edição em português, pelo que sabemos), de 1999, como "complemento essencial" à análise que faz, à medida que Burkett põe ênfase nos "aspectos político-econômicos da ecologia de Marx" (Foster, 2023, p. 15).

são, a exemplo de Marx e Engels, cientistas sociais que buscaram um encontro crítico com as Ciências Naturais, sendo também continuadores críticos dos esforços anteriores nessa direção. Mais recentemente, Saito, pesquisador japonês, passou a integrar esse círculo de pesquisas e formulações científicas.

Mas ainda precisamos de uma apropriação mais ampla das contribuições provenientes do movimento de estudo dos cientistas naturais que têm se encontrado criticamente com as Ciências Sociais, especialmente aqueles que buscam processar no estudo da natureza a concepção materialista e dialética que permitiu as formulações sobre o metabolismo socioecológico.

Nos anos mais recentes, esse é o caso, por exemplo, da parceria intelectual dos biólogos estadunidenses Richard Lewontin (1929-2021) e Richard Levins (1930-2016), que insistem na importância de dar um passo ainda não comum na abordagem da relação entre organismo e ambiente dando mais atenção na teoria e na prática ao que chamam de "codeterminação recíproca": o ambiente incide sobre o organismo e o organismo produz o meio ambiente. Nessa compreensão, os "organismos não experimentam nem se adaptam a um ambiente", eles "reconstroem continuamente o ambiente, em todos os momentos e em todos os lugares" (2022, p. 48-50).[30] Essa reconstrução não se realiza necessariamente em relações "harmônicas", envolvendo criação e destruição ao mesmo tempo e o tempo todo.

Os processos metabólicos internos e externos a cada organismo não apenas se relacionam, mas se determinam entre si. Segundo esses biólogos, já sabemos "um pouco mais, mas ainda muito pouco, sobre como, por meio de suas atividades de vida, os organismos são

---

[30] Contribuições anteriores também foram feitas pelo químico e filósofo alemão Robert Havemann, que podemos conhecer pela obra *Dialética sem dogma* (Zahar, 1967).

os criadores e recriadores ativos de seu meio" (Lewontin e Levins, 2022, p. 51).[31] Há, portanto, uma relação menos estática e limites menos absolutos entre os ingredientes internos e externos às transformações metabólicas dos organismos e entre características individuais e sistêmicas de determinados fenômenos. E essa é uma compreensão fundamental para as questões ambientais, da saúde e da produção da vida como um todo.

O conceito de metabolismo, em sua construção dinâmica no âmbito das Ciências Naturais, nos permite entender a teia de interações que sustentam a vida no interior de uma célula, de um organismo, de um determinado ecossistema, entre ecossistemas, assim como do conjunto de ecossistemas que conformam o sistema planetário terra. Fala-se muito hoje, por exemplo, em "metabolismo do carbono" provocado pela produção humana e que afeta todo o "metabolismo da terra", com implicações na regulação de sua temperatura (Foster, 2013). E há pesquisas que envolvem ferramentas sofisticadas de análise específica do estoque de carbono no solo, associando sua degradação com as mudanças no clima ao longo do tempo. Essas análises são consideradas centrais no debate atual das questões climáticas e têm sido capturadas a serviço de alternativas para a sobrevivência do capital.

Por sua vez, o conceito de metabolismo segue muito importante na Fisiologia Humana, parte da Ciência Biológica onde surgiu. Ele permite entender o

> conjunto de transformações químicas que degrada e transforma os alimentos nas moléculas que constituem nossos corpos, além

---

[31] "Mas uma ecologia política racional demanda esse conhecimento. Não se pode fazer política ambiental sensata com o mote "Salve o meio ambiente" porque, primeiro 'o' meio ambiente não existe, e, segundo, porque toda espécie, não apenas a espécie humana, está a todo momento construindo e destruindo o mundo que habita" (Lewontin e Levins, 2022, p. 51).

de formar energia na forma de ATP [o adenosina trifosfato], molécula com ligações químicas ricas em energia usada por todas as células como uma espécie de moeda energética (Kowaltowski, 2015, p. 12).[32]

Mas ainda "não compreendemos na totalidade os processos metabólicos e continuamos encontrando a cada dia novas transformações e novos mecanismos pelos quais essas transformações são reguladas" (p. 13).

A compreensão dessas ações metabólicas está na base de uma abordagem sistêmica do corpo humano, que mostra a interdependência entre células, órgãos, suas interações entre si e com o ambiente, natural e social, visão já consolidada nos meios científicos sérios. Mas ainda é necessário avançar no confronto entre uma visão sistêmica mecânica e uma visão dialética desses sistemas, incluindo a abordagem das determinações recíprocas entre organismo e meio e entre processos naturais e sociais.[33] E é um desafio consolidar uma postura

---

[32] A pesquisadora nos chama a atenção para a dinâmica própria da vida humana: "do ponto de vista molecular, nós não somos hoje o que fomos há um ano e até mesmo há um mês, mas parecemos os mesmos, porque estamos constantemente trocando átomos e moléculas com o ambiente, reconstruindo moléculas e repondo as que são degradadas com outras estruturalmente semelhantes" (Kowaltowski, 2015, p. 103). "[...] a esmagadora maioria da matéria que compõe o seu corpo hoje não é aquela que era você uns anos atrás. Em vez disso, contemos átomos que um dia formaram baleias, plantas, algas, bactérias e o ar que nos cerca". "E é justamente o metabolismo que determina o que é um ser vivo, que, por definição, deve ser capaz de modificar células, crescer e responder ao seu ambiente, todas essas características dependentes de ações metabólicas. Quanto mais entendermos esses processos, melhor compreenderemos quem somos" (p. 105). Para um estudo mais aprofundado sobre o metabolismo celular, cf. Nelson; Cox, 2014.

[33] A Ecologia não é a relação da espécie humana em geral com os demais seres da natureza, "mas sim as relações de sociedades diferentes, e das classes, gêneros, idades, graus e etnias mantidas por essas estruturas sociais. Assim, não é exagero falar do 'pâncreas sob o capitalismo' ou de 'pulmão proletário'" (Lewontin e Levins, 2022, p. 55, capítulo "O biológico e o social").

aberta à diversidade das formas de conhecimento que permitem compreender essa totalidade, o que implica visão crítica da forma de ciência refém da visão de mundo liberal ou neoliberal, absolutista e baseada na fragmentação e na especialização cega.

A visão sistêmica nos ajuda a entender, por exemplo, como a dinâmica da alimentação incide sobre as conexões que permitem o funcionamento do sistema nervoso e porque elas passam a ser consideradas no estudo biológico dos processos de conhecimento.[34] Assim como tem permitido compreender a dinâmica de diferentes distúrbios do corpo humano quando analisado em sua totalidade.

Juan Almendares, médico hondurenho, nos chama atenção para a importância de pensar a saúde humana na relação com a complexidade dos processos metabólicos da alimentação. Não existe nenhuma célula, organismo ou espécie que possa sobreviver isoladamente, assim como não existe um ecossistema ou uma comunidade particular de seres vivos que exista completamente separada da biosfera. Os seres vivos

> são sistemas abertos que intercambiam energia, matéria, alimentos e informação entre si com o mundo vivo e não vivo. Esse inter- câmbio, por sua complexidade, tem que considerar que o fazem não somente seres individuais senão também comunidades de seres de uma mesma espécie e de diferentes espécies. A alimentação, neste caso, seria, além de nutrição, uma forma de informação, conhecimento e comunicação.[35]

Ainda é desafio de uma abordagem sistêmica mais integral e dialé- tica do corpo humano entender o que é comum a todos os organismos podendo, portanto, gerar princípios gerais de promoção da saúde e de tratamento de doenças e o que precisa ser analisado na dinâmica própria de cada organismo particular na relação com o ambiente, o que varia e por que varia e que tipo de atendimento ou prescrição

---

[34] Cf. Maturana e Varela, 2004.
[35] Almendares, 2019, em tradução livre do espanhol.

médica precisa ser efetivamente personalizado.[36] E também aqui isso implica diálogo respeitoso entre diferentes formas de conhecimento e a consolidação de uma abordagem sistêmica dialética da saúde humana.[37] Por sua vez, o alargamento do conceito de metabolismo para as Ciências Sociais também vai permitindo uma abordagem mais integrativa da saúde humana, interconectando suas determinações naturais e sociais. Abordagem necessária para pensar a promoção da saúde e as políticas de saúde pública. Como analisam Lewontin e Levins (2022, p. 29), "toda alteração importante na sociedade, na população, no uso da terra, nas condições climáticas, na nutrição ou na migração também é um evento de saúde pública, com seus próprios padrões de doenças".[38]

---

[36] Nessa linha de análise cf. Lewontin e Levins, 2022, por exemplo, no texto "Falsas dicotomias", p. 35-39.

[37] "Uma análise sistêmica da regulação do açúcar no sangue pode incluir as interações entre o próprio açúcar, insulina, adrenalina, cortisol e outras moléculas, mas é improvável que inclua também a ansiedade, ou as condições sociais geradoras da ansiedade, como a intensidade do trabalho e a taxa de consumo de reservas de açúcar, ou então se o regime de trabalho permite ou não que um trabalhador cansado faça um repouso ou coma um lanche [...]. A análise sistêmica não saberia como lidar com o pâncreas sob o capitalismo ou com as glândulas suprarrenais em um local de trabalho racista" (Lewontin e Levins, 2022, p. 148).

[38] "As ondas de conquistas europeias espalham peste, varíola e tuberculose. O desmatamento nos expõe a doenças transmitidas por mosquitos, carrapatos e roedores. Megaprojetos hidrelétricos e os canais de irrigação que os acompanham espalham os caramujos que carregam o verme da fascíola hepática, e permitem que os mosquitos se proliferem. Monoculturas de grãos são alimentos para os camundongos e ratos, e se as corujas, felinos e cobras que comem os ratos e camundongos são exterminados, as populações de roedores irrompem, com seus próprios reservatórios de doenças. Novos ambientes, tais como as águas quentes e cloradas dos hotéis, permitem a expansão das bactérias dos 'Legionários' [...] germe amplamente disseminado, geralmente raro porque é um competidor pobre, mas que tolera melhor o calor do que a maioria dos outros e pode invadir os protozoários maiores para evitar o cloro. Finalmente, os modernos chuveiros de pulverização fina fornecem às bactérias gotículas que podem chegar nos mais

Há, portanto, um *metabolismo próprio dos processos naturais*, o "metabolismo universal da natureza", como o chamava Marx, que está na base da produção e reprodução da vida de todos os seres, incluindo o ser humano e chegando ao plano da biosfera. Hoje, como sempre, e em movimento, ou seja, sempre tendendo a mudanças, às vezes rápidas, outras vezes bem demoradas. A reprodução das células depende de interações metabólicas com o ambiente, outras células ou outros seres, intercâmbio que converte alimento em nutrientes e energia necessária para a formação ou transformação das células e para a eliminação/excreção do que não lhes é necessário.

No caso do organismo humano, por exemplo, se ele não *processar metabolicamente* o alimento que ingere, não sobreviverá. Ao mesmo tempo, há um *metabolismo próprio dos processos humano-sociais* que nos permite entender que se o alimento ingerido não for produto de uma determinada relação entre o ser humano e a natureza que garanta a vida da terra, ele pode levar à doença ou enfraquecer a vitalidade desse organismo que o ingere.

A quebra desses fluxos desconecta produção e vida – falha ou *ruptura metabólica* que, quanto mais se aprofunda, mais compromete a reprodução da vida, em todas as suas formas. Isso vale tanto para pensar a vida de um corpo humano como para pensar a vida do solo, das plantas, dos animais e todas as dimensões da relação entre ser humano e natureza, chegando à dimensão planetária.

O conceito de metabolismo continua basilar no estudo dos solos. Foster (2013), com a ajuda do estudioso de solos Fred Magdoff, fez

---

afastados cantos de nossos pulmões" (Lewontin e Levins, 2022, p. 29-30). E o que também precisa ser considerado: por exemplo, o "sarampo, uma doença que consome proteínas, não matou alunos em escolas primárias de Nova York quando éramos crianças, embora todos tenham contraído a doença. Na mesma época, o sarampo foi a principal causa da mortalidade infantil na já desnutrida África Ocidental, de modo que as diferenças individuais no metabolismo e na resistência foram da maior importância" (p. 37).

uma descrição sintética de como se entende a questão original de Marx sobre o metabolismo humano-social e o problema do ciclo de nutrientes do solo, observando-o do ponto de vista da ciência ecológica mais recente. Segundo eles, os organismos vivos, em suas interações normais entre si e com o mundo inorgânico, estão constantemente ganhando nutrientes e energia ao consumir outros organismos, ou, no caso das plantas, pela fotossíntese e captação de nutrientes do solo. Esses nutrientes são, por sua vez, repassados adiante para outros organismos em uma complexa "cadeia alimentar", podendo ou não voltar reciclados ao seu local de origem.

No processo, parte da energia extraída é utilizada no funcionamento do organismo e parte é deixada no solo, sob a forma de matéria orgânica difícil de decompor. As plantas estão constantemente trocando produtos com o solo por meio de suas raízes, absorvendo nutrientes e liberando compostos ricos em energia que produzem uma zona microbiológica ativa próxima às raízes. Os animais que comem plantas ou outros animais geralmente usam apenas uma pequena fração dos nutrientes que ingerem, e o que resta deles, é depositado nas proximidades na forma de fezes e urina. Quando morrem, os organismos do solo usam esses nutrientes e a energia contida em seus corpos.

As interações dos organismos vivos com a matéria (não viva ou viva, ou anteriormente viva) são tais que o ecossistema geralmente é apenas levemente afetado e os nutrientes voltam para perto de onde foram originalmente extraídos. Também em uma escala de tempo geológica, a ação do tempo sobre os nutrientes bloqueados no interior dos minerais os torna disponíveis para uso futuro pelos organismos. Portanto, ecossistemas naturais normalmente não se degradam em função de esgotamento dos nutrientes ou da perda de outros aspectos da saúde do ambiente.

À medida que as sociedades humanas se desenvolvem, continua a síntese de Foster e Magdoff, especialmente com o desenvolvimento e a expansão do capitalismo, as interações entre natureza e seres humanos se tornam muito maiores e mais intensas do que antes, afetando primeiro o ambiente local, depois o regional e, finalmente, o ambiente global. Como alimentos e rações para animais são agora rotineiramente transportados por meio de longas distâncias, isso esgota o solo, como Liebig e Marx sustentaram no século XIX, exigindo aplicações rotineiras de fertilizantes artificiais. Ao mesmo tempo, essa separação física de onde as culturas agrícolas são cultivadas em relação ao local onde os seres humanos ou animais as consomem cria enormes problemas de disponibilidade de nutrientes devido ao seu acúmulo nos esgotos da cidade e ao esterco que se acumula onde se concentram as operações agrícolas industriais.

Note-se que a "dialética truncada" entre produção, circulação e consumo, analisada antes por Mészáros do ponto de vista do metabolismo social, aqui aparece analisada do ponto de vista da ruptura do metabolismo natural, sempre envolvendo a forma de interação entre ser humano e natureza que é um fenômeno social. Como reafirma Foster, a questão das quebras no ciclo de nutrientes é apenas uma das muitas *rupturas metabólicas* que estão ocorrendo agora. É a mudança na natureza do metabolismo entre um animal em particular, o ser humano, e o conjunto do ecossistema que está no centro dos problemas ecológicos enfrentados hoje.

A compreensão do metabolismo do solo tornou-se central para pensar a agricultura em bases ecológicas. Como sintetizou Ana Primavesi: "solo sadio, planta sadia, ser humano sadio". Ela nos explica pela dinâmica da vida do solo como "todo e qualquer ser vivo só sobrevive se houver alimento adequado disponível para ele" (trofobiose) e mostra, pelas suas pesquisas, como a introdução externa e artificial de nutrientes, base da forma capitalista de agricultura, é um círculo insustentável porque "[...] cada excesso induz a uma deficiência [...] e cada deficiência 'chama' um parasita, a aplicação rotineira de algum defensivo com base mineral, tanto faz se é químico ou chamado de orgânico [...], sempre acarreta o excesso de um mineral e a deficiência de outros [...]" (Primavesi, 2016, p. 241).[39] Esta compreensão é essencial também para pensar a dinâmica geral da vida social nas cidades e a relação campo e cidade. Harris-White (2020, p. 172), citando Burkett,[40] trata da construção de um método de análise econômica ecológica marxista da "materialidade e energética das relações de classe expressas na atividade econômica e da criação de valor de troca por meio da apropriação de recursos naturais".[41] Esse método, segundo Burkett, que tomou parte dessa construção desde os anos 1990, é aplicado "nos dois polos da ruptura cidade-campo: às cidades, examinando as distorções ecológicas dos estoques e fluxos metabólicos (por exemplo, água, biomassa, metais, combustíveis, minerais); e à relação social agrária e solos, expondo a variedade de rupturas nos ciclos de nutrientes (falha em reciclar resíduos, substituição de adubação orgânica por fertilizantes químicos, substituição de energia e adubo animal por máquinas e combustível fóssil)".

O conceito de metabolismo passou a ser usado também nos estudos sobre processos regulatórios dos fluxos de matéria e energia em diferentes complexos industriais realizados no campo ou na cidade. São chamados de "metabolismo industrial", que alguns estudiosos do ambiente já insistem "que, assim como os materiais que as aves usam para construir ninhos são comumente vistos como fluxos materiais

---

[39] Cf. também uma síntese de compreensão sobre o metabolismo do solo em Cardoso e Mancio, 2021.

[40] Obra de 2006: *Marxism and Ecology: towards a red and Green political economy*.

[41] Tenhamos presente que foi apenas a partir da década de 1970 que a *entropia*, a lei da termodinâmica que trata da dissipação da energia, passou a ser utilizada na abordagem econômica da produção, especialmente pela contribuição do matemático e economista romeno Nicolai Georgescu-Roeden (1906-1994), considerado um dos precursores da chamada Economia Ecológica ou Bioeconomia por chamar a atenção para a degradação dos recursos naturais provocada pelas atividades econômicas.

associados com o metabolismo das aves, os fluxos materiais análogos dentro da produção humana também podem ser vistos como parte constitutiva do metabolismo humano [...]" (Foster, 2023, p. 237).[42]

Esse é um veio dos estudos ambientais que ainda precisamos conhecer melhor. De qualquer modo, a expansão do conceito de metabolismo nos vai mostrando que essa lente conceitual pode ser usada para analisar todos os processos de trabalho ou produção humana, com ênfases e detalhes próprios à natureza das finalidades e do objeto material de cada um. Destaque-se que esse uso cada vez mais diverso do conceito é cientificamente possível hoje a partir do seu alargamento e adensamento, que teve, sem dúvida, na reconstrução teórica dele feita por Marx e Engels no século XIX, um passo fundamental.

Ao que nos parece, quanto mais se acentuam historicamente os processos de ruptura do metabolismo natural e social, tanto mais o conceito de metabolismo e ou o quadro teórico alargado em que se insere e ajuda a construir, se firma no horizonte científico. E fica cada vez mais exigente da interconexão entre as abordagens das Ciências Naturais e Sociais e de uma abordagem dialética para os objetos específicos de ambas. Podemos nos perguntar como estes debates vão continuar daqui para frente no confronto entre visões de mundo e de história, próprio de nossa época.

Em função das respostas cada vez mais urgentes que precisam ser dadas sobre as transformações no modo de produção da vida, o conceito de "ruptura metabólica" vai ocupando um lugar fundamental no conjunto das ciências, tanto para aquelas que se vinculam aos esforços de uma sobrevida do capital como as que trabalham

---

[42] Por exemplo, a socióloga e ecologista social austríaca Marina Fischer-Kowalski inclui "como parte do metabolismo de um sistema social fluxos materiais e energéticos que sustentam compartimentos materiais do sistema" (*apud* Foster, 2023, p. 237).

pela sua superação. Desde nossas finalidades sociais e formativas, que dialogam com os aportes de ciências de síntese como a Ecologia crítica e a Economia Política marxista, temos o desafio de não cair na fetichização do conceito que o afasta do quadro de análise que produziu seu alargamento.

É, portanto, a construção de uma *nova ordem sociometabólica* que está na agenda planetária do nosso tempo, e isso se refere à vida social em todas as suas dimensões e processos constitutivos. A *práxis agroecológica*, objeto que nos levou a esse estudo sobre o conceito de metabolismo, se realiza nesse quadro histórico e precisa ser compreendida em suas relações com as contradições e os dilemas atuais enfrentados pela humanidade.

ESTUDO DA AGROECOLOGIA PELA LENTE CONCEITUAL DO METABOLISMO

Caminho de estudo

O estudo detalhado da agroecologia não será desenvolvido aqui. Nosso ensaio inclui este tópico para destacar a importância da análise da dinâmica viva do trabalho na agricultura com a *lente conceitual do metabolismo*. E o estudo dessas formulações teóricas como um caminho de apropriação dos *fundamentos da agroecologia*, compreendida como práxis social, ou seja, como totalidade que interliga práticas diversas de agricultura camponesa, conhecimentos e processos de produção da ciência e lutas sociais que garantem as condições objetivas de sua realização. E cuja essencialidade, enquanto matriz de produção, somente se compreende pela análise das transformações históricas da agricultura.[1] Entendemos que esse caminho de estudo passa pela interconexão dos *três grandes usos do conceito de metabolismo* que compõem sua construção histórica.

O *primeiro uso* nos diz que há um *metabolismo universal da natureza* que se refere à estrutura e à dinâmica própria dos processos

---

[1] Cf. uma síntese sobre as transformações da agricultura ao longo da história da humanidade no verbete "Agricultura" (Tardin, 2021). Para aprofundamento, vale conferir Mazoyer e Roudart, 2010.

naturais, desde os internos a cada ser vivo até os que constituem a biosfera. Para nosso objeto aqui, esse metabolismo já pode ser estudado pela chave de análise do *ecossistema*, sistematizada pela ciência da Ecologia visando apreender, dialeticamente, as relações sistêmicas entre diferentes organismos e seu ambiente. Pela lente do metabolismo biológico, podemos examinar a ligação e as determinações mútuas entre organismos individuais, população de cada espécie e comunidade de espécies diversas de seres vivos e a dinâmica de matéria e energia (ciclos dos nutrientes e fluxo de captação, uso e dissipação de energia). Esses processos compõem a *teia alimentar* que garante a produção e preservação dos seres vivos em cada ecossistema e nas relações entre ecossistemas diversos.

A análise de locais concretos (tempo, espaço e materialidade) como ecossistemas permite compreender a interconexão desses processos naturais na dinâmica da produção da vida, em suas relações, transformações e permanências. Pode-se assim entender a *vida da terra/do solo*, nas suas conexões com a *vida das plantas e dos animais*, o *ciclo hidrológico* e a dinâmica físico-natural do *corpo humano*, condição da constituição do animal humano como ser social.

Esse foco da lente conceitual do metabolismo nos permite estudar os componentes e a dinâmica dos processos naturais, em suas relações e transformações físicas, químicas e biológicas coordenadas, que são a base material de todos os fenômenos sociais mediados pelo trabalho humano. E também estudar como os processos naturais reagem ou se modificam a partir da incidência da ação humana sobre eles, análise que pode examinar da nutrição e respiração celular em cada organismo às transformações do sistema terrestre.

O *segundo uso* nos afirma que há um *metabolismo humano social* que se refere à *relação ser humano e natureza* e às *relações entre os seres humanos* em determinado ambiente natural e para realização de processos de trabalho. Também chamado de "metabolismo socioecológico", esse conceito ajuda a entender como as transformações na forma de interação dialética ser humano e natureza, provocadas pela forma de organização do trabalho humano, vão configurando diferentes *modos de produção* ao longo da história da humanidade.[2] Desde os aportes da Economia Política e a Ecologia críticas, essa lente põe foco especial: nas *finalidades da produção*, na *criação e uso de tecnologias* nos diferentes processos produtivos ou tipos de trabalho; nas *relações sociais que neles se realizam*, com destaque para as relações de propriedade, posse e uso da terra (bens naturais), as relações de trabalho e para aspectos econômicos da produção como escala, produtividade e geração de renda; na *relação entre produção, circulação e consumo* e entre *cidade e campo*, incluindo um olhar para geração e destino dos resíduos da produção ("lixo") e do metabolismo animal, incluído o animal humano (excrementos); e nos sistemas de conhecimento construídos pelos sujeitos sociais dessas relações todas.

Esse foco nos ajuda a estudar o conjunto dos fenômenos ou processos sociais e a forma social de intervenção humana nas atividades naturais,[3] como a que configura agroecossistemas. E a reparar como o conteúdo dos conceitos usados diverge conforme a matriz de produção assumida. Na análise feita com base na matriz capitalista de produção, o conceito de "produtividade", por exemplo, não inclui o cálculo das "taxas de reciclagem dos nutrientes do solo" (Gliessman, 2008, p. 75), cálculo necessário em uma matriz que inclui a abordagem ecológica da agricultura.

E há um *terceiro uso* do conceito de metabolismo, este por analogia, que nos desvela o *metabolismo próprio do capital* a ser compreendido a partir da *Economia Política crítica,* que põe foco na especificidade

---

[2] Cf. na relação com a história da agricultura e os fundamentos da agroecologia o verbete "Ruptura do metabolismo socioecológico" (Moura, 2021).

[3] Cf. um exemplo dessa forma de análise no verbete "Ciclo da Água" (Barbosa, 2021).

histórica das *relações sociais de produção capitalistas*. Essa analogia foi inaugurada por Marx como raciocínio e formulada conceitualmente por Mészáros (2002) ao tratar da "reprodução sociometabólica do capital". Ela nos explica como a lógica da produção capitalista pode ser compreendida como uma *interação "metabólica" necessária*, complexa e sistemicamente coordenada, entre *propriedade privada dos meios de produção* (avançando para o conjunto dos bens naturais), *exploração do trabalho humano* (na lógica básica do trabalho assalariado) *e dos bens naturais*, com sua correspondente alienação do ser humano em relação ao trabalho e à natureza, a *centralização de decisões e controle sobre os processos produtivos* e o impulso às transformações ("inovações") para *autoexpansão quantitativa infinita do capital*, que inclui a instrumentalização da produção científica e tecnológica nessa direção.

A análise dialética desse "metabolismo", ou do capital como uma forma de relação social de produção sistêmica, em suas conexões internas, relações com o ambiente material em que se realiza e as alterações constantes que não mudam sua essência dinâmica, nos explica os motivos pelos quais as relações sociais de produção capitalistas rompem de forma única o metabolismo natural e socioecológico, e por que essas relações seguem dominantes, mesmo já se revelando tão insanas e prenhes de possibilidades de superação histórica.

Destaque-se que a interligação desses três usos do conceito de metabolismo foi demarcada historicamente pelo trabalho teórico de Marx e Engels, que reuniram dialeticamente as Ciências Naturais e Sociais na compreensão do sentido e da especificidade do trabalho humano vivo para chegar à análise concreta do sistema capitalista. Essa interligação produz uma lente conceitual/analítica *multifocal* que nos permite ver uma mesma realidade por diferentes ângulos.[4]

---

[4] Como na metáfora usada por David Harvey para explicar o método de Marx para entender o capital fundamentado nas relações diversas entre diferentes

O desafio, que especialmente Marx assumiu com maestria em seu método de estudo, é não justapor esses ângulos de visão e sim interconectá-los, para poder compreender os fenômenos reais como totalidade, em suas determinações mútuas e em movimento. O momento analítico de identificar e estudar a especificidade dos processos metabólicos naturais e sociais, e também de cada um deles em âmbitos menores ou maiores, é um passo necessário. Misturar tudo, como se fenômenos naturais e sociais não fossem distintos, impede a compreensão da essência dinâmica de cada um. Mas esse estudo analítico primeiro não é o ponto final e sim um passo para depois entender o entrelaçamento desses processos, apreendendo a interação e as determinações mútuas entre os diferentes fenômenos percebidos em uma realidade concreta. É essa realidade que, afinal, precisa ser compreendida para que se possa intervir conscientemente nela.

Na sistematização científica que compõe hoje a práxis agroecológica, a compreensão dos ecossistemas ou sistemas ecológicos pela lente conceitual do metabolismo nos chega pela chave de análise de locais de produção agrícola como *agroecossistemas*, entendidos como estruturas e relações do manejo humano de ecossistemas para a realização da agricultura.[5] No âmbito da agroecologia como produção

---

conceitos que foi usando e construindo: "É como se [...] Marx visse cada relação como uma 'janela' separada da qual podemos olhar a estrutura interna do capitalismo. A visão de qualquer janela isolada é plana e desprovida de qualquer perspectiva. Quando nos movemos para outra janela podemos enxergar coisas que anteriormente estavam escondidas. Munidos desse conhecimento, podemos reinterpretar e reconstituir nosso entendimento do que vimos através da primeira janela, proporcionando-lhe maior profundidade e perspectiva. Movendo-nos de janela em janela e registrando atentamente o que vemos, podemos nos aproximar cada vez mais do entendimento da sociedade capitalista e de todas as suas contradições inerentes" (Harvey, 2013, p. 44).

[5] "Um agroecossistema é um local de produção agrícola – uma propriedade agrícola, por exemplo – compreendido como um ecossistema" (Gliessman, 2008, p. 63).

científica, o agroecossistema é entendido como uma "unidade de análise" (Gliessman, 2008, p. 80), referindo-se, ao mesmo tempo, a uma chave teórica e a unidades produtivas materiais que podem ser examinadas e manejadas a partir da análise que essa chave permite.

Como unidades materiais ou empíricas, agroecossistemas são lugares físicos que têm a agricultura como atividade produtiva principal; porém, no contexto da vida social em suas diferentes dimensões e processos, ou seja, em suas relações. Pode ser uma pequena propriedade rural, uma grande fazenda ou um conjunto de unidades produtivas próximas ou articuladas, por exemplo, um assentamento de reforma agrária ou outros tipos de comunidades camponesas, que em geral comportam diferentes agroecossistemas.

Como chave conceitual, um agroecossistema é um recorte territorial que permite a análise de cada unidade produtiva como uma totalidade sistêmica dinâmica que se define pela forma de interação (coevolução) entre relações naturais e sociais, forma definida pelas finalidades sociais da produção, sempre históricas e determinadas pelo contexto dos agroecossistemas, pensados na relação com totalidades mais amplas que ajudam a compor: sistema agroalimentar, sistema agrário, sistema social, sistema planetário.

O agroecossistema enquanto categoria teórica[6] teve sua formulação inicial ancorada no primeiro uso do conceito de metabolismo,

---

[6] Será importante, para a continuidade do estudo sobre o *campo epistemológico* da agroecologia, buscar entender o percurso e as vertentes da construção da *teoria dos sistemas dinâmicos* que tem se expandido para diferentes áreas de conhecimento com base em compreensões nem sempre convergentes, por vezes mesmo antagônicas, à concepção de agroecologia que temos buscado ajudar a construir. Segundo Lewontin e Levins (2022, p. 167), a Teoria de Sistemas é um bom exemplo "da natureza dual da ciência: parte da evolução genérica da compreensão do mundo pela humanidade e, ao mesmo tempo, produto de uma estrutura social específica, que tanto sustenta quanto restringe a ciência, e a direciona para os objetivos de seus proprietários" (cf. também p. 143-145). Uma possibilidade para os nossos estudos é pesquisar o percurso de constru-

reinserindo a abordagem ecológica nos estudos agronômicos – uma abordagem que foi sendo suprimida a partir do avanço da agricultura capitalista que fez a inflexão desses estudos para as questões econômicas do negócio da agricultura, praticamente desligando-as das questões biológicas, geológicas, climáticas, sociais.[7] O conceito de agroecossistema foi aos poucos sendo ampliado como chave de análise socioecológica sistêmica das formas de agricultura, interligando a abordagem ecológica aos aspectos econômicos e sociais do trabalho na agricultura.

Vale observar, considerando o alerta metodológico de Lewontin e Levins (2022, p. 144), que um sistema (seja um ecossistema, um agroecossistema, um sistema agroalimentar, um sistema social) não é a própria realidade, mas uma construção intelectual que apreende aspectos da realidade que se busca analisar como totalidade de relações. Daí que no uso dessa chave teórica para o exame de uma realidade concreta, no caso do agroecossistema, de uma unidade material de produção, é preciso deixar que a realidade se mostre para além dos aspectos inicialmente previstos no modelo de análise.

Se já entendemos bem, é essa relação dialética que vem levando não somente ao alargamento mas também a transformações no con-

---

ção teórica da Ecologia, ciência de síntese que está na base da agroecologia, identificando continuidades e rupturas das formulações que chegaram até nós pela interconexão com os estudos científicos da agricultura.

[7] "Na sua origem, a palavra *agrônomo* designava, em Atenas, o magistrado encarregado da administração da periferia agrícola da cidade. Com este sentido, a palavra passou para outras línguas, já na Idade Média (anos 1300). Na Europa, e na França em particular, o termo *agrônomo* surge nos dicionários a partir de meados dos anos 1700, com o sentido de '*técnico que entende de agricultura*' ou '*aquele que escreve sobre agronomia*'. Nesta época surge também a expressão '*agricultor físico*' para designar o agrônomo, o termo 'físico' significando '*aquele que estuda cientificamente a natureza*'." O termo "agronomia", entendido desde sua origem, é o "estudo científico dos problemas físicos, químicos e biológicos colocados pela prática da agricultura" (Almeida, 2004, p. 1).

teúdo da própria chave que começou buscando examinar os aspectos ecológicos, estrito senso, e hoje, pelo menos em algumas de suas abordagens, chega à análise da inserção de cada unidade material concreta na dinâmica do sistema do capital, como continuidade ou oposição.

São mais recentes as formulações que buscam incorporar a construção teórica mais ampla sobre o "metabolismo socioecológico" como ferramenta analítica dos "fluxos econômico-ecológicos dos agroecossistemas" (cf., por exemplo, Petersen *et al.*, 2021). Na perspectiva da formação dos camponeses e no repensar da relação entre técnicos e agricultores, essa abordagem tem sido exercitada por movimentos populares e organizações camponesas, especialmente em cursos de Agroecologia, pela construção do método nomeado como *Diálogo de Saberes* (cf. Toná, 2008; Tardin, 2009; Guhur, 2010).

Pensado a partir da lente conceitual do metabolismo em seus três usos, o *agroecossistema* é uma chave de análise que desvela as diferenças estruturais entre as formas (históricas) de agricultura, consideradas como conjunto de interações ecológicas e de relações sociais. A inclusão da abordagem do metabolismo social em um agroecossistema permite compreender que há uma relação necessária entre o avanço da agricultura agroecológica, a reapropriação social da terra, entendida no sentido amplo de bens naturais, e a desalienação do trabalho humano, com a correspondente visão ética das relações sociais produzidas e expressas pelas diferentes formas desse trabalho.

Essa lente nos orienta a pensar o manejo de agroecossistemas (enquanto unidades produtivas materiais) de modo a favorecer os processos naturais de regeneração dos ecossistemas alterados e a reconstituição de relações sociais que permitam conceber o trabalho vivo como realização e não como exploração e degeneração humana.

Nem todas as abordagens dos agroecossistemas incluem a análise do "metabolismo" do capital, porque ela tem como pressuposto a possibilidade de superação histórica do modo de produção capitalista. Para quem continua acreditando que o sistema capitalista representa o ápice da história humana, somente podendo ser "aperfeiçoado" em sua lógica, crença presente também entre praticantes e teóricos de agriculturas de base ecológica, a agroecologia é vista como um possível novo estágio da própria produção social capitalista.

A forma de abordagem dos agroecossistemas, especialmente em sua relação com sistemas agroalimentares e sistemas de propriedade e uso da terra, toma parte da disputa atual de concepção da agroecologia feita no contexto da crise estrutural do sistema do capital. Mas ainda é desafio uma reconstrução teórica das categorias ecossistema e agroecossistema feita pelos próprios sujeitos da práxis agroecológica e orientada pela concepção materialista e dialética. Esta concepção está na base do alargamento do conceito de metabolismo ponteado por Marx e Engels, bem como dos novos aportes das diferentes Ciências Naturais e da Ecologia (ciência de síntese) que dialogam com essa concepção.

Síntese de compreensão da práxis agroecológica em seus fundamentos

No interesse direto dos debates atuais sobre a forma de agricultura e partindo do ponto de vista social e político da inserção da práxis agroecológica na construção de alternativas sociometabólicas ao capital, ensaiamos aqui uma *síntese de compreensão* desse caminho de estudos orientado pela lente conceitual do metabolismo, em seus três usos, e pela chave analítica dos agroecossistemas. Organizamos esta síntese em pontos, visando facilitar aprofundamentos e discussões que cada ideia ou questão possa nos suscitar:

1) A vida, em seus diferentes fluxos metabólicos naturais, é pressuposto material necessário a qualquer forma social de produção. E a totalidade dinâmica da natureza, com seus seres vivos e seres não

vivos, seus componentes orgânicos e inorgânicos, é pressuposto da vida. Para saber como agir da melhor maneira diante das questões postas pelos processos da vida concreta, é preciso buscar compreendê--los com base em uma visão dialética: a) nada existe ou se realiza isoladamente; cada processo particular, natural ou social, acontece em um contexto, na interconexão com outros processos e tomando parte de uma totalidade maior, que lhe determina e que ele ajuda a determinar e compor; b) a mudança (e não a estabilidade) é a condição universal da vida; tudo muda, de forma rápida ou demorada, no curto ou longo prazo, por movimentos externos ou internos à dinâmica de cada "coisa", que lida e traz em si processos opostos que mantêm, restauram ou alteram o que a "coisa" é.[8]

---

[8] Nos termos dos biólogos Lewontin e Levins (2022, p. 157): "Todas as 'coisas' (objetos, ou padrões de objetos, ou processos) estão constantemente sujeitas a influências externas que as transformarão. São também todas heterogêneas internamente, e a dinâmica interna é uma fonte contínua de mudança. No entanto, as 'coisas' mantêm suas identidades por tempo suficiente para serem nomeadas, e às vezes persistem por um bom tempo. Algumas delas, por um longo tempo". Por isso, uma abordagem dialética de sistemas complexos, sejam eles relacionados à natureza ou à sociedade, exige responder duas perguntas fundamentais: "por que as coisas são do jeito que são, em vez de um pouco diferentes? E, por que as coisas são do jeito que são, em vez de muito diferentes?" (p. 156-157). "A resposta dinâmica à primeira pergunta é a homeostase, a autorregulação observada na fisiologia, ecologia, climatologia, economia e, de fato, em todos os sistemas que mostram alguma persistência" (p. 157). "A segunda pergunta [...] é uma questão de história, evolução e desenvolvimento, que se ocupa dos processos de longo prazo que modificam o caráter dos sistemas". E é preciso levar em conta que as "variáveis envolvidas na mudança de longo prazo podem se sobrepor às de curto prazo, mas não são, em geral, as mesmas. Muitos dos processos de curto prazo são reversíveis, oscilando de acordo com as condições, sem necessariamente acumular para contribuir com a mudança de longo prazo", mas as duas escalas não são independentes. "As oscilações reversíveis de curto prazo por meio das quais um sistema lida com as circunstâncias imediatas em constante mudança evoluíram, elas mesmas – e continuam a evoluir – como resultado de seu funcionamento no longo prazo. E eles deixam resíduos de longo prazo: ciclos repetitivos de produção agrícola podem exaurir o solo, a respiração contínua em determinados ambientes

2) Na base material da vida está uma complexa rede de "interações alimentares" que permitem a diferentes espécies de seres vivos obter, dos alimentos que produzem ou consomem, nutrientes e energia para seu o desenvolvimento, para a produção das estruturas e compostos orgânicos e para manter seus sistemas de suporte à vida funcionando. Em cada ecossistema se estabelece uma relação de dependência entre espécies que produzem ou sintetizam em seus próprios organismos os alimentos que precisam, a partir de "energia livre disponível e moléculas inorgânicas" (seres vivos "autotróficos") e as espécies que dependem de outros organismos para se alimentar (seres vivos "heterotróficos"). Forma-se então uma cadeia alimentar ou "cadeia trófica" (em grego, *trophe* significa alimento ou nutrição). Essas "interações alimentares" formam "uma rede de cadeias alimentares, a *rede alimentar*, também conhecida como *teia alimentar* ou *teia trófica*" (Soglio, 2021, p. 736).[9]

3) O ser humano, espécie de ser vivo que precisa obter alimentos do seu ambiente, é parte orgânica da lógica de transformações da natureza pelas próprias relações metabólicas que constituem a base natural de sua existência. Ele compartilha ritmos, tempos e ciclos de mudanças com o conjunto dos seres da natureza, partindo da especificidade própria de sua constituição como ser, ao mesmo tempo, natural e social. Essa especificidade é sua capacidade de incidir nos processos metabólicos naturais (dos quais seu ser toma parte) pelo *trabalho*, realizado como atividade social consciente e com finalidades previamente definidas. O trabalho humano é, em essência, uma relação metabólica entre corpos físicos, mentais, sociais

---

pode acumular materiais tóxicos abrasivos no pulmão e a compra e venda contínua de mercadorias pode resultar em concentração de capital" (p. 163).

[9] Cf. também uma síntese sobre como se realizam os processos de "ciclagem natural de nutrientes minerais" e suas implicações para a agricultura em Khatounian, 2021.

e as condições naturais objetivas sobre e com as quais eles atuam. O trabalho vivo, nas suas diferentes formas históricas e em qualquer setor produtivo, é sempre apropriação e transformação da natureza pelo ser humano visando atender determinadas necessidades, naturais e ou socialmente produzidas.

4) O trabalho que modifica a natureza externa ao ser humano também modifica sua natureza interna. A forma de produção é conformadora da natureza humana, da consciência humana. As modificações feitas intencionalmente na natureza pelos diferentes tipos do industriar humano acabam afetando, intencionalmente ou não, o conjunto das dimensões da relação das pessoas e das comunidades com os bens naturais, incluindo a relação com seus próprios corpos físicos. E a forma de produzir cria e vai consolidando ou transformando no ser humano o modo de pensar, sentir e compreender culturalmente a natureza toda e sua própria dimensão de ser natural.

5) A agricultura é um tipo de trabalho humano que transforma fluxos metabólicos naturais para determinadas finalidades de sustentação material da vida humana. Ela é a forma principal do ser vivo humano obter alimentos. Toda atividade agrícola incide no ciclo de nutrientes e no fluxo de energia que compõem a teia alimentar dos seres vivos, das bactérias do solo ao funcionamento do corpo humano e do ecossistema que ele integra. Em todas as suas formas, a agricultura provoca, portanto, desequilíbrios no metabolismo da natureza. E esses desequilíbrios não são próprios somente ao trabalho na agricultura. Eles são provocados por todos os processos de produção da vida social ou do industriar humano, porque todos se realizam sobre uma base material natural, fazendo alterações substantivas em ecossistemas.

6) A interação transformadora pode ser metabolicamente sustentável se, de um lado, são consideradas as necessidades humanas reais, progressiva e socialmente ampliadas e, de outro, no mesmo patamar,

as necessidades ou as leis próprias do metabolismo da natureza. Essa interação se realiza em um circuito dinâmico, tenso, instável e estável ao mesmo tempo e nunca de todo previsível, mas cujas transformações provocadas mantêm as condições gerais, naturais e sociais, para reequilíbrio, sustento e reprodução do círculo espiralado da vida.

7) Há uma forma de organização e realização do trabalho humano que é própria do modo de produção capitalista. As transformações dos processos naturais realizadas por essa forma histórica de trabalho tendem a avançar para uma ruptura do metabolismo sustentável entre ser humano e natureza. Essa ruptura se torna incontrolável enquanto não forem alteradas as finalidades da produção e a forma de propriedade privada e de mercantilização da força de trabalho que são o motor do funcionamento desse modo de produção.[10]

8) A forma capitalista de relações sociais de produção se constituiu historicamente como "um sistema de metabolismo social geral" (Marx *apud* Foster, 2023, p. 231) com ações complexas coordenadas e que se interligam ao ponto de se tornarem relações universalmente aceitas e abrangentes do todo da vida social. Esse funcionamento sistêmico e dinâmico das relações sociais é uma característica inaugurada pelo capitalismo. De um lado, essa lógica dificulta e vai retardando a superação histórica do sistema capitalista, porque suas diferentes "pontas" estão bem "amarradas" e suas inovações constantes embaçam a visão do motor da lógica que precisa ser

---

[10] Um exemplo dessa ruptura é o alerta feito por cientistas sobre a progressiva perda da capacidade de suporte ecossistêmico da floresta amazônica, indicando que o resultado das ações humanas predatórias está assustadoramente próximo do chamado "ponto de inflexão" (ou "ponto de não retorno"). A ultrapassagem desse ponto significa o colapso dos ecossistemas porque mudanças profundas passam a ser aceleradas e irreversíveis. No caso da floresta, trata-se do seu fenecimento vinculado à perda intensa da biodiversidade e às mudanças climáticas que afetam o crescimento das árvores. São transformações sistêmicas com efeitos ecológicos e sociais em cascata (cf. Bocuhy, 2024).

intencionalmente, socialmente, transformado. Mas de outro lado esse entrelaçamento deixa as contradições internas do sistema mais explosivas, à medida que incidem simultaneamente nas diversas dimensões da vida concreta das pessoas, e isso gera múltiplas ações de resistência e de construção de alternativas à lógica, mesmo que não suficientemente coordenadas entre si.

9) Na lógica capitalista de relações sociais de produção, as finalidades do trabalho são abstraídas das necessidades reais da vida. A produção, ainda que atenda necessidades humanas, passa a ter como objetivo central a produção de lucros e a expansão do capital, o que implica criar artificialmente necessidades de consumo que alimentem um circuito insano, mas necessário à reprodução do sistema. E ao alienar o ser humano da natureza (externa e interna a ele), essa forma de relações sociais dificulta sobremaneira a própria percepção dos limites do sustentável, ou seja, da necessidade de manter uma interação metabólica do ser humano com a natureza (incluída a sua dimensão de ser natural) capaz de permitir a autorregeneração e o equilíbrio dinâmico entre permanências e mudanças próprias aos processos de produção da vida.

10) A agricultura entrou mais amplamente no circuito de reprodução do capital a partir do aumento significativo de formações sociais nas quais as relações de produção capitalistas passaram a ser dominantes, especialmente do século XIX em diante. Mas foi a partir do século XX que a lógica da chamada "industrialização da agricultura" foi consolidada, implicando sua dependência direta de mercadorias produzidas pela indústria fabril capitalista (insumos sintéticos, maquinário etc.).

11) Por sua vez, a *separação dicotômica entre cidade e campo*, que é própria das formações sociais capitalistas, isto é, das sociedades em que o modo de produção capitalista é dominante, provoca uma ruptura no próprio metabolismo social ou nas relações necessárias

entre os processos de *produção, distribuição* e *consumo,* das várias indústrias, que se interliga com a expulsão dos camponeses do campo e a aglomeração urbana pela concentração de indústrias nas cidades. A ruptura entre esses processos é, ao mesmo tempo, motor e expressão da ruptura metabólica na interação entre seres humanos e natureza que caracteriza o trabalho humano sob relações capitalistas de produção.

12) As *monoculturas* são a *forma típica da agricultura industrial capitalista.* Trata-se da opção tecnológica adotada para garantir a produção em grande escala e o aumento da produtividade do trabalho nas áreas agrícolas com base nos parâmetros econômicos capitalistas. Essa opção promove a máxima simplificação do ambiente natural, com um pequeno número de espécies de plantas cultivadas e de animais criados, buscando uma uniformização e estabilização artificiais dos ecossistemas, naturalmente diversos, heterogêneos e dinâmicos. O objetivo é ter um maior controle das variáveis intervenientes no processo produtivo e garantir o uso do trabalho assalariado e dos insumos e máquinas da indústria capitalista na produção agrícola. E o que se visa é chegar a um nível de produtividade por safra que compense os investimentos financeiros nesses insumos de origem externa à agricultura, garantindo a reprodução geral do capital.[11]

13) Mas a alteração da dinâmica própria das comunidades de seres vivos presentes no solo, provocada pelos monocultivos, afeta drasticamente sua fertilidade, precisando então para produzir de ingressos artificiais de "energia",[12] além do controle ostensivo das

---

[11] Cf. uma análise mais detalhada das razões capitalistas da opção pelas monoculturas em Martins, 2024 e Petersen *et al.*, 2021.

[12] A base da agricultura "moderna" (capitalista) é fazer a manipulação humana da captação e fluxo de energia de um ecossistema adicionando artificialmente "quantidades cada vez maiores de energia na agricultura, para aumentar seu rendimento" (Gliessman, 2008, p. 511).

"pragas" que surgem pela ruptura nas teias ou redes alimentares, que essa forma de manejo agrícola provoca.[13] Nessa lógica, a biodiversidade é desprezada como fator de produção e se impede que a complexidade própria da natureza, incluída a variação de solos e climas, seja usada a favor da produção. Rompe-se o metabolismo, ou seja, impedem-se as transformações próprias aos processos naturais e a relações sustentáveis entre ser humano e natureza.

14) A desestruturação intencional dos processos naturais leva à insustentabilidade ecológica da forma capitalista de agricultura. O aumento imediato da produtividade agrícola provocado pela opção tecnológica dos monocultivos e pelo decorrente uso da tecnologia industrial capitalista na agricultura, especialmente o uso intensivo de insumos (sejam sintéticos ou naturais) e de maquinaria pesada, rompe o metabolismo natural do solo e seu progressivo empobrecimento pode chegar a esgotá-lo, tornando-o inviável à produção, mesmo com todos os artifícios tecnológicos usados. Essa lógica de produção põe em risco todas as formas de vida que precisam de um "solo vivo".

15) Mesmo com todo conhecimento disponível para que se entenda como as monoculturas são ecológica e socialmente indefensáveis, associadas a desmatamentos, desertificação[14] e problemas de saúde, a ideologia desenvolvimentista que leva a pensar que a produção baseada na diversidade é "atrasada" e a uniformidade artificial da

---

[13] "Os monocultivos reduzem a disponibilidade de alimentos para a manutenção dos diferentes grupos funcionais, como, por exemplo, os agentes de controle biológico, aumentando a população de organismos não desejados [...]. Os agrotóxicos, químicos ou biológicos, afetam as redes alimentares, pois alteram a biodiversidade funcional, por vezes de forma não intencional, tanto diretamente, em espécies susceptíveis aos ingredientes ativos, como indiretamente, quando elimina da rede alimentar uma espécie que é chave para sobrevivência de outras espécies" (Soglio, 2021, p. 740).

[14] Cf. os verbetes "Desertificação" (Perez-Marin e Forero, 2021) e "Deserto Verde" (Santos, 2021).

monocultura é a "moderna" e melhor, permanece presente na visão de muitos agricultores, inclusive camponeses, assim como em grupos políticos que se colocam como críticos ao sistema capitalista.[15] Essa visão começa a ser alterada a partir da agudização da crise ambiental e da própria crise dos negócios da agricultura industrial capitalista, bem como pela multiplicação e maior divulgação de práticas bem-sucedidas em outra direção.

16) O capital vai modificando as formas de inserção da produção agrícola no seu "metabolismo" seguindo o ritmo imposto pelas suas contradições internas e as crises estruturais que sua lógica de produção enfrenta. Durante séculos a solução capitalista para os problemas de sua forma de agricultura foi apostar na inovação constante dos insumos sintéticos e agrotóxicos cada vez mais potentes para corrigir os problemas que a lógica dos monocultivos provoca no solo, mas também para garantir os lucros dos donos das empresas responsáveis por essa indústria, que inclui a modificação genética e o patenteamento das sementes. Ao mesmo tempo, diante do adiado, mas inevitável esgotamento da fertilidade do solo, a outra solução tem sido abandonar as terras degradadas e avançar sobre novas terras, principalmente aquelas cultivadas pelos povos tradicionais em outra lógica. A prática de expropriação de terras segue vigente, mas o capital se reorganiza para encontrar novas soluções à medida que diminui a disponibilidade de terras, aprendendo de outras formas de agricultura que seguem se desenvolvendo, ainda que de algum modo subordinadas à lógica econômica dominante.

17) A alternativa capitalista considerada "mais moderna" hoje para a sua lógica típica de agricultura é a de trocar insumos sintéticos pelos insumos retirados da própria natureza, mantendo a estrutura

---

[15] Importante para nossos estudos a leitura do texto "Ciência e progresso: sete mitos desenvolvimentistas na agricultura", Lewontin e Levins, 2022, p. 407-415.

dos monocultivos e a forma de trabalho própria das relações capitalistas de produção. Em alguma medida se trata de um retorno às alternativas usadas no século XIX, agora com uma base bem ampliada de conhecimentos sobre o solo, mas em meio a contradições muito mais explosivas, provocadas pelos séculos de deterioração das condições naturais de produção. Mesmo se essa alternativa da "produção orgânica"[16] for expandida, não será mais do que um novo adiamento histórico da transformação radical necessária, dando mais um fôlego ao capital. Mas também dando impulso aos pequenos agricultores que em alguma medida já realizam uma transformação maior, porém em uma escala não pensada como alternativa social abrangente. No entanto, a disseminação da visão que confunde uso de insumos naturais com produção agroecológica atrapalha o avanço real da mudança da lógica de produção.[17]

---

[16] Vale chamar a atenção para diferentes usos do termo "orgânico". Na linguagem atual das Ciências Naturais, e especialmente partindo dos aportes da química, substâncias *orgânicas* são aquelas que contêm moléculas cujo principal elemento químico é o *carbono*, sendo consideradas substâncias *inorgânicas* aquelas que não o têm. E esse distintivo é importante porque o carbono é necessário para a formação das moléculas complexas (como as proteínas, por exemplo) necessárias ao desenvolvimento de todos os seres vivos. O termo também se refere a "organismo", isto é, a uma estrutura de órgãos interdependentes que constitui cada ser vivo. Nas Ciências Sociais, o termo às vezes é usado por analogia, por exemplo, quando se afirma que o sistema capitalista é um sistema "orgânico" se está referindo, como em Mészáros (2009, p. 239), a uma estrutura sistêmica dinâmica, nesse caso de uma forma de relação social de produção em que, tal como os órgãos em um organismo, todos os "componentes sustentam-se reciprocamente". Na linguagem da agricultura, a identificação "orgânica" tem sido usada para identificar um sistema de produção que não usa agrotóxicos, sementes transgênicas ou insumos sintéticos de qualquer tipo, valendo-se quando necessário de adubos naturais e defensivos biológicos. Seu foco técnico central está no tratamento do solo como um "organismo vivo" e, enquanto sistema de produção, avança em algumas abordagens para considerar também aspectos sociais da relação entre produção, circulação e consumo (cf. Primavesi, 2016; Souza e Tavares, 2021).

[17] Destaque-se que a substituição de insumos sintéticos por insumos naturais foi um passo histórico fundamental na crítica prática à agricultura

18) Para superar a ruptura no metabolismo dos processos naturais provocada pela forma capitalista de agricultura, não basta trocar insumos sintéticos por insumos naturais. Para restabelecer o fluxo metabólico vital entre solo, plantas e ser humano é preciso mudar a lógica de produção, restituindo a complexidade dinâmica dos processos da natureza. Quanto maior a diversidade em um sistema de produção agrícola, maior a complexidade, as conexões e a determinação mútua entre os elementos que atuam nele e mais elevado o fluxo de energia e matéria no sistema todo.

19) Essa é a proposição da agroecologia, que busca uma transformação na estrutura dos agroecossistemas, promovendo um manejo que toma a biodiversidade como pilar fundamental do sistema agrícola (Altieri, 2012, p. 141). A práxis agroecológica busca desenvolver agroecossistemas com níveis elevados de *agrobiodiversidade,* que é exatamente o contrário da monocultura, ou seja, trata-se de fazer o cultivo da terra preservando a biodiversidade, a diversidade da vida, que é a existência de uma grande variedade de espécies de plantas e de animais e consideradas as características naturais de determinada região (Pinheiro Machado, 2012, p. 46-47).

---

industrial capitalista, sendo a "agricultura orgânica" uma das "agriculturas alternativas" precursoras da agroecologia (cf. Petersen, 2012). O uso de insumos externos naturais integra os processos de "transição agroecológica", mas não pode ser confundida com a mudança efetiva de matriz de produção que define essencialmente a agroecologia enquanto práxis. Por isso mesmo, a substituição de insumos tem sido incorporada aos negócios capitalistas da agricultura. Para esse estudo específico, é importante conferir, no *Dicionário de Agroecologia e Educação*, os verbetes "Agricultura Orgânica" (Souza e Tavares, 2021), "Agricultura Biodinâmica" (Jovchelevich e Franco, 2021) e "Transição agroecológica" (Gaia e Alves, 2021). Também o livro de Albert Howard, *Um testamento agrícola* (Howard, 2007), considerado um dos precursores da agricultura orgânica com base na manutenção da fertilidade do solo por processos naturais.

20) A agroecologia orienta a produção de agroecossistemas complexos, nos quais as interações ecológicas e os sinergismos entre seus componentes biológicos promovem mecanismos para que os próprios sistemas subsidiem a fertilidade do solo, sua produtividade e a sanidade dos cultivos e dos rebanhos. Não centra a atenção em componentes isolados de um agroecossistema e sim enfatiza as *inter--relações* entre seus componentes e a dinâmica complexa dos processos ecológicos. Ao se compreender essas relações, os agroecossistemas podem ser manejados de modo a melhorar a produção e torná-la mais sustentável, reduzindo impactos ambientais e sociais negativos e, em áreas que estão sendo recuperadas, diminuindo progressivamente a necessidade de insumos externos (Altieri, 2012, p. 105-106).

21) Na base material da práxis agroecológica está, portanto, uma determinada forma ou lógica de trabalho humano na agricultura. Trata-se de um modo de relação com a terra que se coloca historicamente na direção de recompor a unidade perdida entre os seres humanos e a natureza de que são parte, respeitando os limites postos aos processos produtivos pelo "metabolismo universal da natureza". Essa base interliga fundamentalmente *biodiversidade, manejo do solo* que mantenha a terra saudável, viva,[18] e uso de *sementes* produzidas

---

[18] "Muitas vezes, trata-se solo como terra, e vice-versa. Solo é um termo mais científico, enquanto terra traz consigo uma abordagem mais integradora, articulada a debates políticos e sociais em torno de questões como acesso, propriedade e controle. Para os/as camponeses/as, solo é terra, enquanto para os cientistas e técnicos, terra é solo. De imediato percebemos uma diferença: terra é feminina e solo, masculino. A terra é considerada pelos indígenas e pelos camponeses como sagrada, como mãe e como vida. Enquanto os cientistas comumente referem-se aos nossos solos tropicais como ácidos, pobres e ruins. Será nossa mãe-terra ácida, pobre e ruim? A luta por reforma agrária se dá em torno da questão da concentração da terra e não do solo! E os solos (ou a terra) são fundamentais para que os assentamentos e demais áreas da agricultura camponesa cumpram sua função social. Para as famílias camponesas, a terra, ou o solo, não é apenas lugar de cultivo e de produção, mas também lugar

e apropriadas como bem natural comum[19] – e não como mercadoria manipulável para as finalidades de negócio. A realização prática da práxis agroecológica supõe que seus sujeitos diretos compreendam e sintam-se parte dos processos metabólicos sobre os quais incidem, rompendo com a subordinação absoluta às exigências da autorrealização expansiva do capital.

22) Camponesas e camponeses são os sujeitos principais da construção social histórica da *matriz de produção agroecológica*, com seu modo de vida social correspondente.[20] Trazem o legado ancestral dos povos originários e a diversidade econômica, política e cultural das comunidades camponesas atuais, de pequenos agricultores e criadores, povos indígenas e quilombolas, sem-terra, assentados, trabalhadores e trabalhadoras das águas e florestas, com sistemas diversos de conhecimento, valores éticos, visões de mundo. E fazem o diálogo crítico e geralmente tenso com as transformações históricas de diferentes Ciências Naturais e Sociais. A práxis agroecológica é a expressão prática e teórica da agricultura camponesa que vem de longe, mas se transforma agora baseada nas contradições próprias da fase descendente do sistema do capital. O modo de produção da

---

de viver, de cuidar e criar os filhos. Lugar de sua reprodução social enquanto classe camponesa que detém a tarefa de produzir alimentos, sustentabilidade e vida..." (Cardoso e Mancio, 2021, p. 722).

[19] Para estudo sobre as sementes cf. o verbete "Sementes" (Maicá, 2012; Maronhas, Lima e Silva e Görgen, 2021).

[20] Para alguns estudiosos, são considerados camponeses toda gama diversa dos que se autodenominam "povos e comunidades tradicionais": povos indígenas, quilombolas, populações agroextrativistas, como seringueiros, castanheiros, quebradeiras de coco, grupos vinculados aos rios ou ao mar como ribeirinhos, pescadores artesanais, caiçaras, varjeiros, jangadeiros, marisqueiros, grupos associados a ecossistemas específicos como pantaneiros, caatingueiros, vazanteiros, geraizeiros, chapadeiros, grupos associados à agricultura ou à pecuária como faxinais, sertanejos, caipiras, sitiantes-campeiros, fundo de pasto, vaqueiros (Cf. Cruz, 2012, p. 595-596).

vida constituído nessa interação dialética não cabe na forma típica das relações capitalistas de trabalho. E não cabe porque começa pela alteração das *finalidades da produção*, restabelecendo seu vínculo com as necessidades humanas reais.[21]

23) A *forma camponesa de trabalho* está, pois, na base da práxis agroecológica. Essa forma de trabalho tem características específicas já sistematizadas por estudiosos que a tem como objeto. Mesmo quando coexiste ou é explorado pela forma capitalista de relações sociais de produção, o trabalho camponês a confronta como lógica econômica e modo de vida: pela finalidade central da produção camponesa estar na reprodução da vida social das famílias e comunidades camponesas; pela ênfase na produção de alimentos; por ser um trabalho que se orienta pelos valores de uso mesmo combinando atividades para autoconsumo com atividades mercantis; porque reafirma a diversidade produtiva, nas atividades agrícolas e criatórias, e sua combinação com outras atividades silvícolas, de pesca, coletoras, agroindustriais, artesanais etc.; essa diversidade é determinada pela capacidade de adequação aos contextos históricos dinâmicos em que se insere e de autotransformação das famílias e comunidades nessas relações; interliga produção e luta pela terra e em defesa de seus territórios; tem por base o trabalho familiar tendendo a relações de reciprocidade e entreajuda no âmbito das comunidades, que podem

---

[21] "Se a agricultura fracassa em eliminar a fome, e se o uso de recursos não é modulado para proteger a saúde e a sobrevivência a longo prazo das pessoas, não é devido a falhas de um mecanismo voltado para alcançar essas metas. Na verdade, a maior parte da agricultura mundial tem como objetivo produzir mercadorias comercializáveis, os recursos são usados para gerar lucros e os efeitos do bem-estar são efeitos colaterais da economia. São as contradições entre as forças opostas (e entre as da ecologia e da economia) e não o fracasso de uma boa tentativa por sistemas de informação inadequados e circuitos homeostáticos deficientes os responsáveis por grande parte do sofrimento atual – e pela ameaça de sofrimentos ainda maiores" (Lewontin e Levins, 2022, p. 159).

chegar a processos mais complexos de cooperação, com níveis maiores ou menores de inserção política na luta de classes; tem uma relação com a natureza baseada no conhecimento da realidade local que leva a uma visão interativa das atividades e ciclos produtivos; não separa o trabalho físico do intelectual, o fazer do pensar e decidir sobre o que e como fazer, característica que permite avançar na compreensão dos ciclos naturais e sociais da produção; quando avança para uma perspectiva agroecológica constrói processualmente uma relação não alienada dos agricultores com seu trabalho, com sua condição de ser natural e com os ecossistemas sobre os quais seu trabalho incide; e põe à mostra e em destaque o trabalho das mulheres e dos jovens e sua importância na estratégia produtiva da unidade camponesa e na construção mais inteira de um modo de vida que lhe corresponda (cf. Carvalho, Costa, 2012; Carvalho, 2016; Bartra, 2011 e 2021; Martins, 2024).[22]

24) As formas de agricultura que não se regem pelas finalidades capitalistas de produção, ainda que em uma sociedade capitalista não escapem do circuito de valorização do capital, põem à mostra possibilidades reais de outra matriz de produção, outra lógica de trabalho social, produzindo conhecimentos que, contraditoriamente, podem ajudar na reprodução do sistema capitalista e, ao mesmo tempo, servir de base para sua superação histórica. Os conhecimentos produzidos na práxis agroecológica, à medida que vão sendo sistematizados cientificamente – o que permite autonomizá-los dos processos vivos de trabalho em que foram produzidos –, ficam disponíveis para apropriação geral da sociedade. Essa sistematização é fundamental para que especialmente as novas gerações da classe trabalhadora levem

---

[22] Vale incluir, em nossas leituras, estudos sobre processos de trabalho específicos, como o realizado por Azevedo, Assis e Souza (2019) em agroecossistemas camponeses agroextrativistas na Amazônia.

adiante a agricultura camponesa própria da nossa atualidade, mas torna possível, ao mesmo tempo, o uso desses conhecimentos pelas personificações do capital, concretamente, pelas empresas capitalistas que dominam os negócios da agricultura.[23]

25) Diante da crise de sua forma típica de agricultura, o capital tem se movimentado de duas formas, ambas na mesma direção de manter sua lógica de produção. Uma forma é continuar introduzindo inovações tecnológicas na própria estrutura dos monocultivos voltados à produção de *commodities* (mercadorias), aproveitando-se dos conhecimentos de áreas diversas e das próprias críticas que se multiplicam ao seu modelo de agricultura, sempre com o objetivo básico de diminuir o custo financeiro da sua lógica de produção. Isso hoje se refere tanto à expansão da indústria dos insumos naturais como ao crescente uso das tecnologias digitais na chamada "agricultura de precisão", especialmente com os problemas do solo identificados por computador e operando cálculos para soluções imediatas, "racionalizando" o uso dos insumos, sejam sintéticos, sejam naturais. É a chamada "agricultura 4.0", que também precisa estar em nosso caminho de estudos sobre como o capital se movimenta na superação da crise da agricultura industrial sem que sua essência, ou seja, sua matriz de produção, se altere.[24]

---

[23] Cf. uma abordagem dessa questão partindo do ponto de vista da formação dos camponeses no verbete "Educação Politécnica e Agroecologia" (Caldart e Frigotto, 2021).

[24] A expressão "agricultura 4.0", também identificada como a "digitalização da agricultura", é usada para sugerir a existência de uma "quarta revolução industrial", analisada em diferentes âmbitos da produção industrial, também na agricultura. "A Agricultura 4.0 em linhas gerais pode ser descrita como uma agricultura que utiliza alta tecnologia no processo de produção – como aquela já conhecida pelo termo 'agricultura de precisão' em que há uma tentativa de controle dos fatores presentes na produção agrícola convencional: umidade do ar e do solo, ph do solo, presença ou não de 'pragas', fase de desenvolvimento dos cultivares etc. – mas, com intervenções no campo no próprio momento

26) Outra forma de movimentação do capital na agricultura, nem sempre visível à maioria refém do discurso ideológico do hoje chamado "agronegócio", é a sua progressiva "atualização" da lógica de exploração e controle do trabalho camponês, lógica que tem acompanhado o desenvolvimento histórico do capitalismo em diferentes formações sociais. Há uma complexa rede de relações de produção que insere a agricultura no circuito da economia capitalista e tem levado à "proletarização" dos agricultores camponeses, mesmo que continuem donos de seus meios básicos de produção – a exemplo da chamada "integração" de pequenos produtores camponeses com agroindústrias capitalistas. Não por acaso, o discurso ideológico do agronegócio reforça, cada vez mais, a ideia de que a "agricultura familiar" é parte dele e desde sempre. Essa análise específica da lógica de exploração camponesa pelo capital também nos é objeto de estudo necessário para compreender o todo do confronto social em que a práxis agroecológica se insere.[25]

27) A questão que o avanço da práxis agroecológica, contraditoriamente, põe para o capital é como estender seu controle macro à agricultura camponesa que consegue romper a dependência dos pacotes fechados de "inovações tecnológicas" das empresas que dominam hoje a economia agrícola global (sementes modificadas,

---

em que os problemas são identificados. Assim, na agricultura 4.0 a novidade é que este conjunto de informações não é obtido '*offline*', esta nova 'tecnologia' permite que os maquinários agrícolas estejam eles próprios conectados à internet e que o conjunto de dados coletado na lavoura seja reportado ao servidor (a base computacional) instantaneamente, ou seja, se houver, por exemplo, a 'necessidade' de 'corrigir' o ph do solo, o maquinário poderá fazê-lo em tempo real, quer dizer, no próprio momento em que esta deficiência for identificada o que, obviamente, diminui o dispêndio de recursos" (Bombardi, 2022, p. 7).

[25] Cf. uma abordagem sobre essa especificidade e os diferentes mecanismos de exploração camponesa em Bartra, 2011 e Martins, 2024. Cf. também o texto de Richard Lewontin "Amadurecimento da agricultura capitalista: o agricultor como proletário" (Lewontin e Levins, 2022, p. 417-431).

insumos, maquinários, serviços digitais etc.) e do sistema financeiro de créditos. Isso quer dizer, na prática, atrelar no circuito geral da valorização do capital os sistemas mais avançados de produção baseada na biodiversidade e no manejo que garante a saúde do solo, como os policultivos próprios dos sistemas agroflorestais, por exemplo, inserindo-os nas relações capitalistas de circulação/comercialização dos produtos que ainda são as relações sociais organizadoras dos sistemas agroalimentares e agrários no mundo.

28) Uma questão historicamente em aberto é, portanto, se o avanço da práxis agroecológica fornecerá "energia" para um novo ciclo "metabólico" do sistema capitalista ou será transformada em força que acelere sua superação, a partir do potencial subversivo que sua matriz produtiva detém. Dada a hegemonia da visão capitalista de produção na sociedade, esse desenlace dependerá do quanto se garanta a ampliação massiva de práticas produtivas camponesas que guardem autonomia política e econômica, ainda que relativa, em relação ao capital. E também o quanto se avance na organização coletiva desses agricultores, como classe trabalhadora e com a formação política e científica (capaz de trabalhar com o caráter dual da ciência) necessária para que compreendam a totalidade complexa de que seu trabalho toma parte e para que envolvam círculos cada vez maiores da classe trabalhadora nessa compreensão e em práticas que a materializem: na produção agrícola e também em outras indústrias, começando com os próprios processos fabris que compõem agroecossistemas concretos, como as agroindústrias, a fabricação de equipamentos, a construção de moradias etc.

29) De qualquer modo, é desafio fundamental de nossa época de crises de toda ordem e de nosso projeto histórico diante delas, mostrar na prática e compreender cientificamente que a produção de alimentos para todos pode ser feita em relações ecológica e socialmente sustentáveis e que, sim, há alternativas estruturais ao

modo capitalista de produzi-los. A ciência ajuda a construir essas alternativas quando pressupõe os alimentos como um bem social comum, portanto, que precisa ser apropriado por todos e produzidos visando o bem de todos. E a lente conceitual do metabolismo nos ajuda a compreender os princípios gerais que devem reger essa produção, assim como reger a forma de realização da função social da ciência. Mas a superação do sistema ainda dominante requer um engajamento social cada vez mais amplo, consciente e coletivamente organizado nas lutas anticapitalistas em todas as suas dimensões, níveis e camadas.

30) A mesma base de conhecimentos que nos permite acessar os fundamentos de outra lógica de produção de alimentos que não a industrial capitalista é a que pode nos ajudar a analisar o conjunto de ecossistemas alterados pelo trabalho humano, e a compreender, afinal, os *princípios gerais da produção* presentes nas distintas formas históricas de sua realização. E essa compreensão (posta por Marx, ainda no século XIX, como finalidade da educação politécnica a ser conquistada pela classe trabalhadora)[26] é necessária para que sejam os trabalhadores e as trabalhadoras a assumir o comando da produção social.

31) Essa compreensão situa a agroecologia no quadro de determinações e desafios de construção de alternativas sociometabólicas, fundamentada na potência do trabalho vivo em sua reapropriação social da terra, na especificidade da agricultura e além dela. Nos termos utilizados por Mészáros (2002, p. 1010), para a análise da construção global de um sistema alternativo de controle social que permita, como disse Marx, mudar de "cima a baixo" as condições de existência humana como um todo, pode-se afirmar que cabe aos

---

[26] Cf. uma síntese de compreensão sobre educação politécnica em Caldart e Frigotto, 2021 e em Caldart, 2023.

nossos próprios "produtores associados", no avanço quantitativo essencial das práticas agroecológicas, ir aprofundando a análise sobre sua capacidade de, no confronto ao capital, operar como um dos *"pontos de Arquimedes"*, ou seja, "como alavancas estratégicas para uma reestruturação radical do sistema global de controle social". A práxis agroecológica pode ser uma dessas alavancas, à medida que tem posto à mostra as contradições do sistema, assim como alternativas para superá-las, justamente no âmbito da produção de alimentos, que é necessidade de primeira ordem em qualquer sociedade.

32) Entre as questões postas por esse desafio histórico grandioso está a questão educacional de socializar amplamente essa compreensão toda, como parte do necessário cultivo dos "valores de uma humanidade socialista" (Mészáros, 2002, p. 1011) e do preparo necessário para agir organizadamente sobre a realidade nele implicada. Tarefa da qual as organizações camponesas a que nos vinculamos têm buscado participar. É preciso que muito mais gente compreenda a "ruptura no metabolismo socioecológico" em suas diferentes camadas e determinações para compreender a totalidade das transformações em que a práxis agroecológica se insere. E é necessário que seja a classe trabalhadora, com formação política e organizativa, a se apropriar dos conhecimentos que vêm sendo produzidos nesses círculos interligados de práticas, de lutas sociais e de produção da ciência, para assumir o controle coletivo da construção de uma nova matriz de produção e das transformações no conjunto de dimensões da vida social que precisa mudar de "cima a baixo" e "de baixo para cima", antes que nossa humanidade nos escape de vez.

33) Para nossos objetivos específicos de inserção da práxis agroecológica na educação escolar, não parece haver dúvida de que o conceito de metabolismo é fundamental em um caminho de estudo que vise à apropriação dos fundamentos da agroecologia na direção desse desafio educacional mais amplo. A lente conceitual do

metabolismo, abordada em sua construção histórica, ajuda a firmar a interconexão entre conhecimentos das Ciências Naturais e Sociais necessária à construção de um método de estudo da agroecologia, que a entrelace à questão agrária e ambiental e à análise da crise estrutural do sistema capitalista. O estudo da interconexão entre aspectos naturais e sociais é imprescindível para que se compreenda o todo da vida real complexa que exige nossa ação organizada e consciente na atualidade. Sem simplificações e uniformizações artificiais de nenhuma ordem, esse modo de estudo é cada vez mais necessário na escola como em outros processos formativos.[27]

34) Temos especialmente defendido que a apropriação da lente conceitual do metabolismo, nas interconexões que ela permite compreender, aconteça em processos sistemáticos de formação de educadores para que a construção social da práxis agroecológica possa se realizar contando com a contribuição específica do trabalho educativo da escola, na Educação Básica, no Ensino Superior e na formação profissional. Análises e proposições nessa direção têm sido introduzidas em outros escritos nossos, como parte do mesmo processo de estudos e construção prática da relação entre a Educação Básica, a formação de educadores e a agroecologia que levou à produção deste pequeno ensaio (cf. Caldart, 2017, 2020, 2022), que agora compartilhamos para debate e lapidação coletiva.

---

[27] Cf. um texto de síntese que pode nos ajudar a pensar sobre essa abordagem: "Quão diferentes são as Ciências Naturais e Sociais?" (Lewontin e Levins, 2022, p. 59-64).

REFERÊNCIAS

ALIER, J. M. "Marxismo e Economia Ecológica". Revista *Mientras Tanto*, Barcelona, n. 35, 1988, p. 127-147.

ALMEIDA, J. *A agronomia entre a teoria e a ação*. Texto elaborado para Seminário do Programa de Pós-Graduação em Desenvolvimento Rural, UFRGS, 2004.

ALMENDARES, J. "Holobiocenosis". *ALAI*, 3 de setembro 2019. Disponível em https://www.alainet.org/fr/node/201927. Acesso em 16 ago. 2024.

ALTIERI, M. *Agroecologia: bases científicas para uma agricultura sustentável*. São Paulo/Rio de Janeiro: Expressão Popular/AS-PTA, 2012.

AZEVEDO, H. P., ASSIS, W. S e SOUSA, R. P. "Agroecossistemas de camponeses agroextrativistas na Amazônia brasileira: uma reflexão a partir da agroecologia política". *Revista Brasileira de Agroecologia*, v. 14, n. 2, 2019, p. 51-64.

BARTRA VERGÉS, A. *Os novos camponeses*. São Paulo: Cultura Acadêmica/ UNESP, 2011.

BARTRA VERGÉS, A. "Campesinato". *In: Dicionário de Agroecologia e Educação*. São Paulo/Rio de Janeiro: Expressão Popular/EPSJV, 2021, p. 201-207.

BOCUHY, C. "A sobrevivência do Brasil no Antropoceno". Publicado em *Carta para o futuro 15, newsletter* Carta Capital de 22 de fevereiro 2024.

BOMBARDI, L. *A agricultura 4.0 no Brasil* [livro eletrônico]: alta tecnologia não é sinônimo de alimentos para a população brasileira. Rio de Janeiro: Fundação Heinrich Böll, 2022.

CARDOSO, I., MANCIO, D. "Solos". *In: Dicionário de Agroecologia e Educação*. São Paulo/Rio de Janeiro: Expressão Popular/EPSJV, 2021, p. 720-726.

BARBOSA, A. S. "Ciclo da Água". *In: Dicionário de Agroecologia e Educação*. São Paulo/Rio de Janeiro: Expressão Popular/EPSJV, 2021, p. 226-230.

CALDART, R. S. "Trabalho, agroecologia e educação politécnica nas escolas do campo". *In: Caminhos para transformação da escola* n. 4. São Paulo: Expressão Popular, 2017, p. 115-160.

CALDART, R. S. *Educação do Campo e Agroecologia: encontro necessário*. Texto de exposição, setembro 2020.

CALDART, R. S. *A agroecologia na formação de educadores*. Texto de exposição, maio 2022.

CALDART, R. S. *Sobre as tarefas educativas da escola e a atualidade*. São Paulo: Expressão Popular, 2023.

CALDART, R. S. *et al.* (org.) *Dicionário da Educação do Campo*. São Paulo/Rio de Janeiro: Expressão Popular/EPSJV, 2012.

CALDART, R. S., FRIGOTTO, G. "Educação Politécnica e Agroecologia". *In*: *Dicionário de Agroecologia e Educação*. São Paulo/Rio de Janeiro: Expressão Popular/EPSJV, 2021, p. 368-375.

CARVALHO, H. M. O campesinato contemporâneo como modo de produção e como classe social. *In*: STEDILE, J. P. (org.) *A questão agrária no Brasil*: interpretações sobre camponês e o campesinato. São Paulo: Expressão Popular, 2016, p. 153-218.

CARVALHO, H. M., COSTA, F. A. Agricultura Camponesa. *In:* CALDART, R. S., PEREIRA, I. B., ALENTEJANO, P., FRIGOTTO, G. (orgs.). *Dicionário da Educação do Campo*. Rio de Janeiro/São Paulo: EPSJV/Expressão Popular, 2012, p. 26-32.

CRUZ, V. C. "Povos e comunidades tradicionais". *In:* CALDART, R. S., PEREIRA, I. B., ALENTEJANO, P., FRIGOTTO, G. (orgs.) *Dicionário da Educação do Campo*. Rio de Janeiro/São Paulo: EPSJV/Expressão Popular, 2012, p. 594-600.

DIAS, A. P. *et al.* (org). *Dicionário de Agroecologia e Educação*. São Paulo/Rio de Janeiro: Expressão Popular/EPSJV, 2021.

FOSTER, J. B. "Marx e a ruptura do metabolismo universal da natureza". Disponível em inglês em: https://monthlyreview.org/2013/12/01/marx-rift--universal-metabolism-nature/. Em português, https://esquerdaonline.com.br/2020/06/13/Marx-e-a-ruptura-no-metabolismo-universal-da-natureza/. Acesso em 16 ago. 2024.

FOSTER, J. B. "O terceiro período da ecologia soviética e a crise planetária". Publicado em inglês pela *Monthly Review* 2015, Volume 67, Edição 02 (junho). Tradução em português disponível em: https://lavrapalavra.com/2020/03/06/o-terceiro-periodo-da-ecologia-sovietica-e-a-crise-planetaria/. Acesso em 16 ago. 2024.

FOSTER, J. B. *A ecologia de Marx: materialismo e natureza*. São Paulo: Expressão Popular, 2023.

FOSTER, J. B. Apresentação. *In:* ANGUS, I. *Enfrentando o Antropoceno*. Capitalismo fóssil e a crise do sistema terrestre. São Paulo: Boitempo, 2023(b) E-book, p. 16-24.

GAIA, M. C. M., ALVES, M. J. "Transição agroecológica". *In*: *Dicionário de Agroecologia e Educação*. São Paulo/Rio de Janeiro: Expressão Popular/EPSJV, 2021, p. 771-777.

GLIESSMAN, S. R. *Agroecologia*. Processos ecológicos em agricultura sustentável. 4ª ed. Porto Alegre: Editora da UFRGS, 2008.

GOMIDE, C. S. "Antropoceno". *In*: *Dicionário de Agroecologia e Educação*. São Paulo/Rio de Janeiro: Expressão Popular/EPSJV, 2021, p. 125-130.

GUHUR, D. M. P. *Contribuições do Diálogo de Saberes à Educação Profissional em Agroecologia no MST: desafios da Educação do Campo na construção do projeto popular*. Dissertação de Mestrado do Programa de Pós-Graduação em Educação da Universidade Estadual de Maringá, 2010.

GUHUR, D., SILVA, N. R. "Agroecologia". *In*: *Dicionário de Agroecologia e Educação*. São Paulo/Rio de Janeiro: EPSJV/Expressão Popular, 2021, p. 59-73.

HARRISS-WHITE, B. "Ecologia e meio-ambiente". *In:* FINE, B., SAAD FILHO, A. (org.) *Dicionário de Economia Política Marxista*. São Paulo: Expressão Popular, 2020, p. 165-175.

HARVEY, D. *Os limites do capital*. São Paulo: Boitempo, 2013.

HARVEY, D. *A loucura da razão econômica*. São Paulo: Boitempo, 2018.

HOWARD, S. A. *Um testamento agrícola*. São Paulo: Expressão Popular, 2007.

JOVCHELEVICH, P., FRANCO, F. S. "Agricultura Biodinâmica". *In*: *Dicionário de Agroecologia e Educação*. São Paulo/Rio de Janeiro: Expressão Popular/EPSJV, 2021, p. 37-42.

LEWONTIN, R., LEVINS, R. *Dialética da Biologia. Ensaios marxistas sobre Ecologia, agricultura e saúde*. São Paulo: Expressão Popular, 2022.

KHATOUNIAN, C. A. "Ciclagem de nutrientes". *In*: *Dicionário de Agroecologia e Educação*. São Paulo/Rio de Janeiro: Expressão Popular/EPSJV, 2021, p. 214-226.

KOWALTOWSKI, A. *O que é metabolismo?* Como nossos corpos transformam o que comemos no que somos. São Paulo: Oficina de Textos, 2015.

MAICÁ, E, D. "Sementes". *In*: *Dicionário da Educação do Campo*. São Paulo/Rio de Janeiro: Expressão Popular/EPSJV, 2012, p. 697-704.

MARONHAS, M. E. S., LIMA E SILVA, A. C., GÖRGEN, F. S. "Sementes". *In*: *Dicionário de Agroecologia e Educação*. São Paulo/Rio de Janeiro: Expressão Popular/EPSJV, 2021, p. 683-687.

MARTINS, A. F. G. *O desenvolvimento do capitalismo na agricultura e a exploração do trabalho camponês*. São Paulo: Expressão Popular, 2024 (no prelo).

MARX, K., ENGELS, F. *História, Natureza, Trabalho e Educação*. São Paulo: Expressão Popular, 2020.

MARX, K. *O Capital*, livro III. São Paulo: Boitempo, 2017.

MARX, K. *O Capital*, livro I. São Paulo: Boitempo, 2013.

MATURANA, H. R., VARELA, F. J. *A árvore do conhecimento*. As bases biológicas da compreensão humana. 4ª ed., São Paulo: Palas Athena, 2004.

MAZOYER, M. e ROUDART, L. *História das agriculturas no mundo: do neolítico à crise contemporânea*. São Paulo: Editora da Unesp, 2010.

MÉSZÁROS, I. *Para além do capital*. São Paulo: Boitempo, 2002.

MÉSZÁROS, I. *Estrutura social e formas de consciência*. A determinação social do método. São Paulo: Boitempo, 2009.

MOURA, L. H. G. "Ruptura do metabolismo socioecológico". *In*: *Dicionário de Agroecologia e Educação*. São Paulo/Rio de Janeiro: Expressão Popular/EPSJV, 2021, p. 659-668.

NELSON, D. L., COX, M. M. *Princípios da bioquímica de Lehninger* (livro eletrônico). Porto Alegre: Artmed, 2014.

PEREZ-MARIN, A. M., FORERO, L. F. U. "Desertificação". *In*: *Dicionário de Agroecologia e Educação*. São Paulo/Rio de Janeiro: Expressão Popular/EPSJV, 2021, p. 295-301.

PETERSEN, P. "Agriculturas Alternativas". *In*: *Dicionário da Educação do Campo*. São Paulo/Rio de Janeiro: Expressão Popular/EPSJV, 2012, p. 40-46.

PETERSEN, P. *et al*. *LUME: Método de Análise Econômico-Ecológica de Agroecossistemas*. Rio de Janeiro: ASPTA, 2021.

PINHEIRO MACHADO, L. C., PINHEIRO MACHADO FILHO, L. C. *A dialética da agroecologia*. São Paulo: Expressão Popular, 2014.

PINHEIRO. S. *Agroecologia 7.0*. Porto Alegre: Juquira Candiru Satyagraha, 2018.

PRIMAVESI, A. *Manual do solo vivo*. 2ª ed. São Paulo: Expressão Popular, 2016 (Série Ana Primavesi).

ROLO, M. *Modos de produção da vida*. O ensino de ciências e a teoria do valor de Marx. São Paulo: Expressão Popular, 2022.

SAITO, K. *O ecossocialismo de Karl Marx*. São Paulo: Boitempo, 2021.

SAITO, K. "Marx e Engels: a relação intelectual revisitada a partir de uma perspectiva ecológica". *Germinal*: *marxismo e educação em debate*. Salvador, v. 13, n. 2, p. 20-38, agosto 2021a.

SANTOS, J. D. "Deserto Verde". *In*: *Dicionário de Agroecologia e Educação*. São Paulo/Rio de Janeiro: Expressão Popular/EPSJV, 2021, p. 407-415.

SHANIN, T. *Marx tardio e a via russa*. São Paulo: Expressão Popular, 2017.

SOGLIO, F. D. "Teia Alimentar". *In*: *Dicionário de Agroecologia e Educação*. São Paulo/Rio de Janeiro: Expressão Popular/EPSJV, 2021, p. 736-741.

SOUZA, M. M. O., TAVARES, P. D. "Agricultura Orgânica". *In*: *Dicionário de Agroecologia e Educação*. São Paulo/Rio de Janeiro: Expressão Popular/EPSJV, 2021, p. 43-50.

STEDILE, J. P. "Renda da terra". *In*: *Dicionário de Agroecologia e Educação*. São Paulo/Rio de Janeiro: Expressão Popular/EPSJV, 2021, p. 642-650.

TARDIN, J. M. *O Diálogo de Saberes no encontro de culturas: a promoção da Agroecologia na base dos movimentos sociais populares*. VI Encontro Brasileiro de Agroecologia e II Congresso Latinoamericano de Agroecologia. Curitiba/PR, 9 a 12 de novembro 2009.

TARDIN, J. M. "Agricultura". *In: Dicionário de Agroecologia e Educação*. São Paulo/ Rio de Janeiro: Expressão Popular/EPSJV, 2021, p. 29-36.

TONÁ, N. *Elementos de Reflexão sobre o "Diálogo de Saberes" nas experiências formativas dos movimentos sociais no Paraná*. Monografia de conclusão do curso de extensão "Teorias pedagógicas e produção do conhecimento", ENFF/ UFRRJ, 2008.

VERNADSKY, V. *Biosfera*. Rio de Janeiro: Dantes Ed., 2019.

SOBRE A AUTORA

Roseli Salete Caldart é pedagoga e doutora em educação pela Universidade Federal do Rio Grande do Sul. Integra o setor de educação do MST e o Fórum Nacional de Educação do Campo (Fonec), realizando principalmente atividades de sistematização, pesquisa e formação de educadores. Publicou pela Expressão Popular, entre outras obras, *Pedagogia do Movimento Sem Terra* (2ª ed., 2004), *MST, Universidade e Pesquisa*, organizado com Paulo Alentejano (2014), *Caminhos para transformação da escola n. 4: Trabalho, agroecologia e estudo nas escolas do campo"* (org., 2017) e *Sobre as tarefas educativas da escola e a atualidade* (2023).